KB241971

반죽하지 않고 집에서 손쉽게!

5분 만에 만드는
홈메이드
베이킹

푸드 사이언티스트 **아오키 유카리** 지음 | 최선아 옮김

시작하며

『5분 만에 만드는 홈메이드 베이킹』은 저의 인생을 바꿨다고 해도 과언이 아닌 레시피입니다. 원래부터 빵 만들기를 좋아해서 결혼하기 전부터 자주 구웠는데, 결혼하고 나서는 더욱 빠져들어 매일 아침부터 밤까지 구웠습니다. 그런데 그렇게 좋아하던 빵 만들기도 아이가 태어나면서 마음대로 할 수 없게 되었어요. 왜냐하면 빵 만드는 데에는 보통 두 시간 정도 걸리기 때문이죠. 아이에게 안심하고 먹을 수 있는 것을 직접 만들어 주고 싶지만, 바쁜 육아 중에 두 시간이나 걸리는 빵을 구울 시간과 여유가 없는 것이 사실이었습니다.

그럴 때 '짧은 시간에 빵을 만들 수 있다면 좋을 텐데'라는 생각이 들었습니다. '손이 덜 가게 한다면 얼마나 빠른 시간 안에 만들 수 있을까?' 하며 시행착오를 거듭한 끝에 두 시간 걸려 만드는 빵과 다름없이 맛있는 빵을, 30분 정도에 구워 낼 수 있는 레시피를 완성했습니다. 이 레시피라면 잠깐 짬이 나는 시간에 빵을 구울 수 있답니다.

요리 레시피 서비스인 쿡패드(사용자들이 요리 아이디어와 레시피를 공유하는 일본 최대 요리 플랫폼-옮긴이)에 올리거나 아이 친구 엄마들에게 소개하면서 제 레시피는 소문나게 되었고, 많은 분이 기뻐해 주셨습니다. 다만 이때의 레시피는 아직 '반죽하는 빵'뿐이었어요. 짧은 시간에 만드는 반죽이지만, 반죽을 작업대에 올려놓고 반죽하고 성형해야 했습니다. 그래서 반죽하는 건 어려울 것 같다는 의견도 있었습니다.

그래서 빵 만들기의 진입 장벽을 더욱 낮추고자 '반죽하지 않는 빵'을 개발했습니다! 실질적인 작업 시간은 단 5분, 도구는 내열 용기와 숟가락이면 됩니다. 빵 만들기는 진입 장벽이 높다고 느끼는 분, 빵 만들기는 좋지만 시간과 수고를 줄이고 싶은 분들께 꼭 추천하는 레시피입니다.

'반죽하지 않는 빵'으로 시작해서 빵 만들기가 익숙해지면 '반죽하는 빵'으로 나아가 좋아하는 빵을 많이 구워 보세요. 『5분 만에 만드는 홈메이드 베이킹』을 한껏 즐길 수 있을 때쯤에는 본격적인 빵도 분명 어렵지 않게 구울 수 있을 거예요. 이런 식으로 이 책을 활용해서 빵 만들기를 즐기실 수 있게 된다면 좋겠습니다.

아오키 유카리

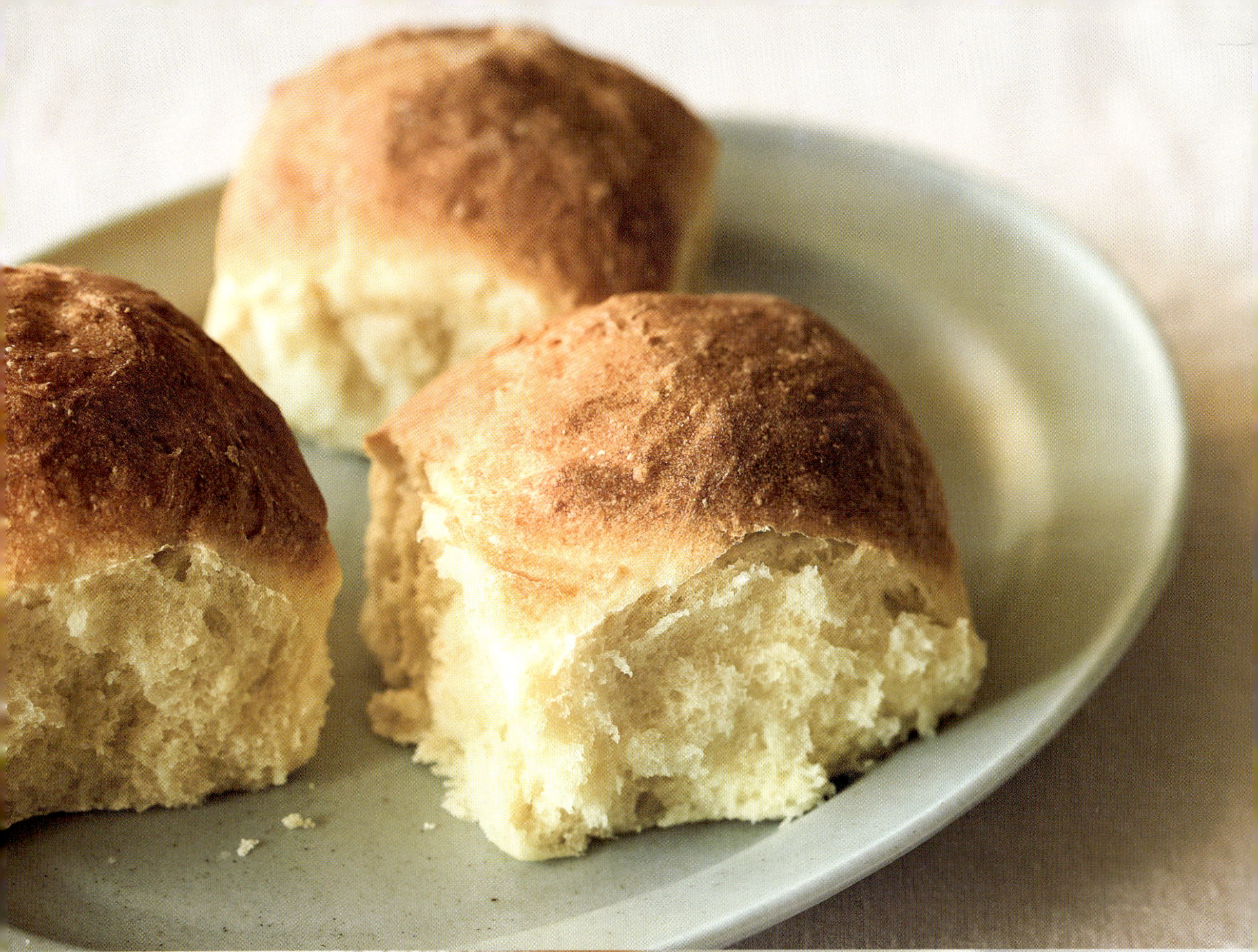

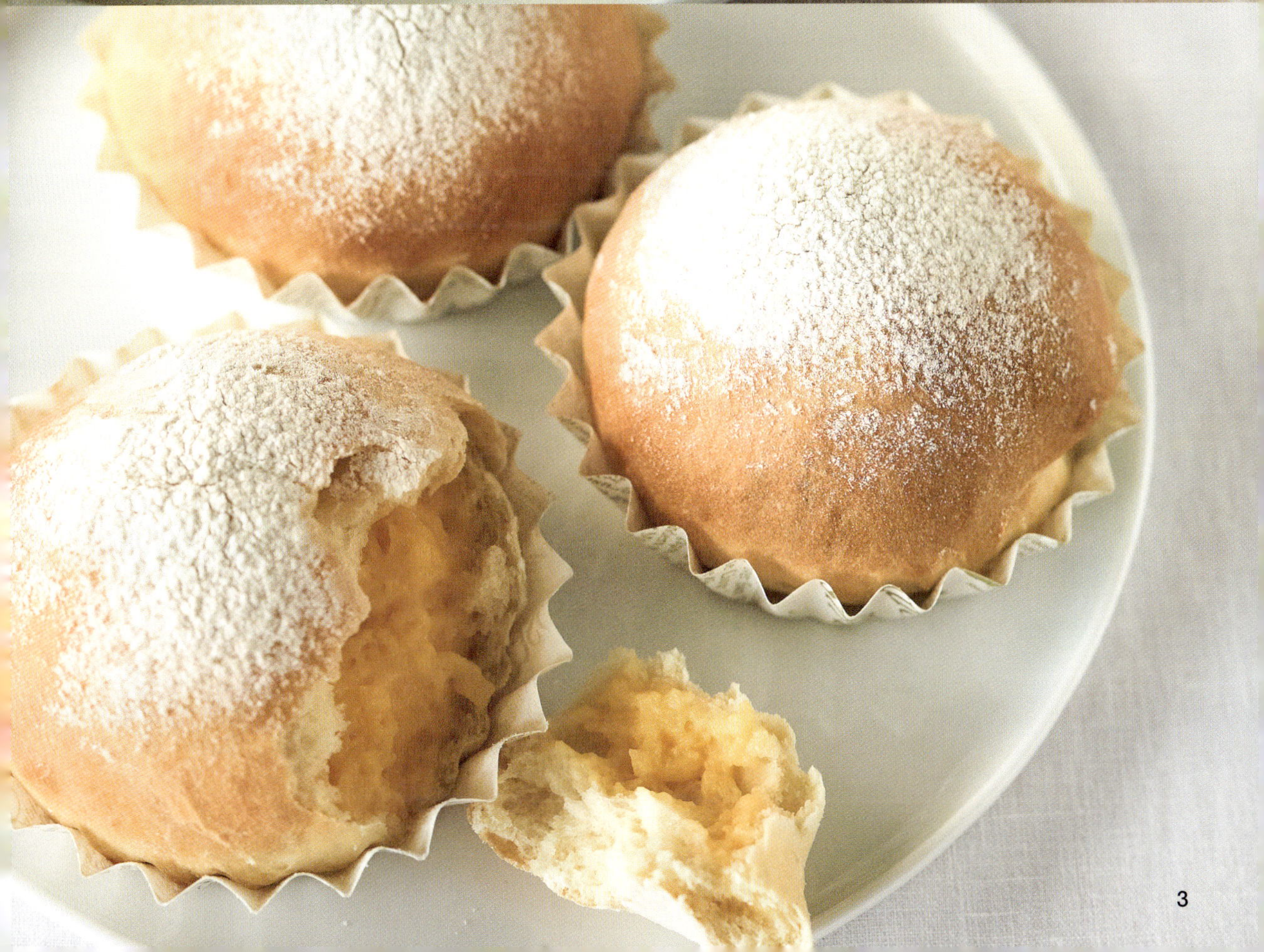

『5분 만에 만드는 홈메이드 베이킹』에 대하여

빵 만들기라고 해서 시간이 걸리고 공정이 많아 어렵고 실패할 것 같이 느낀다면 그건 '발효'라는 공정이 있어서일지도 모릅니다.

레시피에 따라 다르지만 보통은 '1차 발효(30분~1시간) → 휴지(10분) → 성형 → 2차 발효(30분 이상)'의 단계를 거쳐야 비로소 굽기에 들어갑니다.

그러나 『5분 만에 만드는 홈메이드 베이킹』은 빵 만들기가 처음인 분도 빵을 간단히 만들 수 있도록 공정을 단축했습니다. 효율적으로 빵을 발효할 수 있도록 8년간 시행착오와 개선을 거듭해 왔어요. 일반적으로 직접 만드는 빵보다 약간 쫄깃한 식감으로 완성되지만, 다 구울 때까지 2시간 걸려서 만드는 빵과 비교해도 손색없는 맛을 즐길 수 있습니다.

반죽하지 않는 타입(part. 1)에서 빵 굽는 것에 익숙해지면, 반죽하는 타입(part. 2)에서 성형을 하게 됩니다. 반죽하지 않는 타입은 공정을 보다 간소화해서 한결 간단하고 실패하지 않는 레시피로 구성하였습니다. 빵을 처음 굽는 분은 꼭 반죽하지 않는 타입부터 시작해 보세요.

5분 만에 만드는 홈메이드 베이킹의 비밀(매력)

음식을 만들면서 동시에 빵을 구울 수 있음.

간단해서 부모와 아이가 함께 빵 만들기를 즐길 수 있음 (식생활 교육, 두뇌 발달 학습도 가능).

이 책의 레시피에 익숙해지면 2시간 걸리는 빵도 간단히 구울 수 있게 됨.

Part. 1
반죽하지 않는 빵의 공정

재료를 내열 용기에 넣는다
↓
전자레인지에서 20~30초
↓
재료를 넣고 섞는다
↓
전자레인지에서 20초
↓
그대로 반죽을 내열 용기에 펼친다
↓
10분간 둔다
↓
오븐에서 굽는다

Part. 2
반죽하는 빵의 공정

재료를 내열 용기에 넣는다
↓
전자레인지에서 20~30초
↓
재료를 넣고 섞는다
↓
반죽을 작업대에 꺼내서 반죽한다
↓
전자레인지에서 20초
↓
성형한다
↓
10분간 둔다
↓
오븐에서 굽는다

반죽하지 않는!

빵을 굽기 전에 알아 둬야 할 10 가지 항목

1 반드시 레시피대로의 재료로 만들어 주세요(밀가루를 쌀가루로 바꾸거나 하면 제대로 구워지지 않습니다).

2 계절에 따라 발효 속도가 달라지기 때문에 시간이 있다면 따뜻한 장소에서 반죽 크기가 두 배가 될 때까지 발효시켜 주세요. 반죽을 조금 더 놓아두는 것만으로도 폭신하게 구울 수 있습니다.

3 내열 용기에 따라 열전도율이 다르므로, 레시피대로 구워 보고 안이 덜 익은 것 같다면 반죽을 철판에 꺼내서 굽는 것도 추천합니다.

4 굽는 시간이나 온도는 어디까지나 기준입니다. 오븐에 따라 구운 결과가 달라지므로 구움색이 옅거나 굽기가 부족하다고 느낀다면 온도를 올리거나 굽는 시간을 늘려 주세요. 반대로 구움색이 너무 진하거나 과하게 구워진 경우에는 온도를 내리거나 굽는 도중에 빵 위에 알루미늄 포일을 씌워 주세요.

5 갓 구운 빵을 즐기기 위한 레시피이므로 갓 구워 낸 상태에서도 은은한 단맛을 느낄 수 있도록 살짝 달콤한 마무리가 되도록 만들었습니다. 시간이 지난 후 먹거나 설탕 섭취를 줄이고 싶은 경우, 설탕을 소량 정도는 줄여도 괜찮지만 너무 많이 줄이면 발효에 영향을 줄 수 있으므로 주의해 주세요.

6 바로 먹지 않을 경우에는 빵을 구운 후 잔열을 식히고 반드시 랩을 씌워 주세요.

7 내열 용기에서 꺼낼 때 가는 주걱을 사용하면 꺼내기 쉽습니다.

8 내열 용기에 붙은 반죽은 뜨거운 물로 불린 후 닦으면 깔끔하게 떨어집니다.

9 내열 용기에 반죽이 들러붙는 것이 신경 쓰인다면 발효 전에 쿠킹 시트를 깔아 두어도 좋습니다.

10 반죽하지 않는 빵은 반죽하지 않고도 폭신하고 쫄깃한 식감을 즐기기 위하여 반죽의 수분을 많게 했습니다(수분이 많다=성형하기 어렵다). 빵 만들기가 아직 익숙하지 않을 때는 내열 용기에 반죽을 넣어 굽고, 빵 만들기에 익숙해지면 성형 과정에 도전해 보세요.

재료에 대하여

이 책에서 빵을 반죽할 때 사용하는 기본 재료를 소개합니다. 브랜드나 상품에 특별히 구애 받지는 않습니다. 가까운 마트 등에서 쉽게 구할 수 있는 것으로 사용해 주세요.

밀가루

강력분이 기본이지만 박력분으로만 만들 수 있는 레시피도 준비했습니다. 또한 강력분에 박력분을 섞는 레시피도 있습니다.

강력분   박력분

설탕, 소금

설탕은 상백당(우리나라의 백설탕보다 수분감이 있고 감칠맛이 나는 강한 단맛이 있으며, 일본 요리에 주로 사용함. 백설탕으로 대신해도 무방함-옮긴이)을 기본으로 사용하며, 레시피에 따라 토핑 등에 그래뉴당(백설탕보다 순도가 높아 설탕 본래의 순수한 단맛을 느낄 수 있으며, 우리나라의 백설탕보다 입자가 작음-옮긴이)을 사용했습니다. 소금은 식용 소금이 기본이나, 레시피에 따라 토핑에는 암염을 사용했습니다.

인스턴트 드라이 이스트

인스턴트 드라이 이스트는 예비 발효가 필요하지 않고, 가루에 직접 섞어서 사용할 수 있어 편리합니다. 개봉 후에는 밀폐 용기에 넣어서 냉장 또는 냉동 보관해 주세요(냉동하면 오래 쓸 수 있어서 추천합니다).

물, 우유

물도 빵 만들기에 필수입니다. 물은 수돗물도 괜찮습니다. 풍미 있게 완성하는 레시피에는 우유를 사용했습니다. 또한 이 책에서는 계량할 때 내열 용기 하나로 작업할 수 있도록 계량컵이 아니라 전자저울을 사용했습니다.

기름

빵 반죽에는 기본적으로 버터를 사용하지만 이 책에서는 간편하게 샐러드유나 올리브유를 사용한 레시피도 준비했습니다. 또한 버터는 별도로 기재되어 있지 않은 경우에는 부담 없이 만들 수 있도록 가염 버터를 사용했습니다(가염 버터가 쉽게 구할 수 있지만 혹시 버터의 염분이 신경 쓰인다면 무염 버터를 사용해 주세요). 마가린도 대신해서 사용할 수 있습니다.

버터   올리브유   샐러드유

레시피 응용 재료

기본 빵 반죽의 응용으로, 쌀가루나 통밀 가루 등을 섞은 레시피도 준비했습니다.

 쌀가루   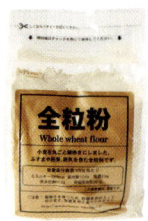 통밀 가루

도구에 대하여

이 책에서 빵을 만들 때 사용하는 기본 도구를 소개합니다. 평소 요리에 사용하는 것으로 대체 가능한 것들이 대부분이지만, 전자저울은 필수입니다.

내열 용기

반죽부터 굽기까지 같은 용기를 사용하는 것이 'part. 1 반죽하지 않는 빵' 레시피의 매력 중 하나입니다. 반드시 전자레인지, 오븐 모두 사용 가능한 내열 용기로 사용해 주세요. 이 책에서 사용한 것은 '스타우브'의 16×20×높이 5cm의 세라믹 재질 용기입니다. 세라믹으로 가공된 내열 유리인 '세라베이크'라는 제품은 빵 반죽이 용기에서 미끄러지듯 쉽게 분리되어 편리합니다.

숟가락

반죽을 섞을 때 사용합니다.
큰 숟가락이 섞기 쉽습니다.

전자저울

재료의 계량에 사용합니다. 물이나 우유 같은 수분도 계량컵이 아닌 전자저울로 개량해야 정확하고, 작업 진행도 원활합니다.

part. 2, part. 3에 사용하는 도구

내열 볼

붓

카드

part. 2, part. 3에서는 반죽하여 성형하는 과정이 추가됩니다. part. 1처럼 내열 용기에 넣은 채로 굽는 것이 아니라서 용기는 전자레인지 사용 가능한 볼이나 밥그릇 등도 괜찮습니다. 카드는 스케퍼나 드렛지, 스크래퍼라고도 하는데, 반죽을 분할하거나 모을 때 있으면 편리합니다. 붓은 굽기 전에 윤기를 내기 위한 달걀물을 바를 때 사용하지만 없어도 괜찮습니다. 카드와 붓 모두 시중에서 쉽게 구매할 수 있습니다.

레시피에 대하여

- 버터는 별도의 언급이 없는 경우, 가염 버터를 사용합니다.
- 물이나 우유를 계량할 때는 계량컵이 아닌 전자저울을 사용했습니다.
- 전자레인지의 출력은 600W를 사용했습니다. 500W는 1.2배, 700W는 0.8배를 기준으로 해서 조절해 주세요.
- 오븐은 굽기 전에 반드시 예열해 주세요.
- 오븐은 전기 오븐을 사용했습니다. 레시피에 기재되어 있는 굽는 시간과 온도는 어디까지나 참고용입니다. 오븐에 따라 결과가 달라질 수 있으므로, 구움색이 옅거나 덜 익었다고 느껴지면 온도를 높이거나 굽는 시간을 늘려 주세요. 반대로 구움색이 너무 진하거나 너무 익었다고 느껴지면 온도를 내리거나 굽는 도중에 빵 위에 알루미늄 포일을 덮어 주세요.
- 오븐에서 빵을 꺼낼 때는 오븐 장갑을 사용하여 화상에 주의하세요.
- 꿀은 유아 보툴리누스 증후군에 걸릴 위험이 있으므로, 1세 미만 영아에게는 먹이지 마세요.

11 Part.1 반죽하지 않는 빵

이 책을 보는 방법

구성에 대하여

· **part. 1**은 '반죽하지 않는 빵', **part. 2**는 '반죽하는 빵'으로 구성했습니다. 먼저 **part. 1**의 레시피로 빵 만들기를 시작해 보세요.

· **part. 1**과 **2** 각각에 '기본빵', '기본빵 설명', '응용'을 준비했습니다. 처음에는 '기본빵 설명'을 읽으면서 기본빵을 레시피의 공정대로 만들어 보세요. 응용 빵을 구울 때도 '기본빵 설명'의 작업 포인트나 팁을 참고해서 만들어 주세요.

· **part. 3**의 '여러 가지 레시피'는 **part. 2**의 응용편입니다. 작업 포인트나 팁은 **part. 2**의 '기본빵 설명'을 참고해서 만들어 주세요.

Part. 1 반죽하지 않는 빵

Part. 2 반죽하는 빵

아이콘에 대하여

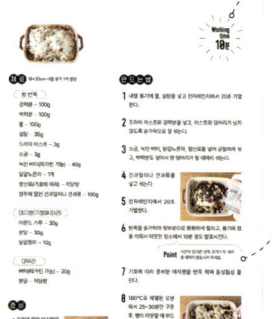

작업 시간
반죽을 그대로 두는 (발효) 시간과 성형 시간을 빼고, 실제 작업에 걸리는 시간을 기준으로 기재했습니다.

point
팁이나 포인트가 있는 공정에는 작업을 원활히 할 수 있는 아이디어 등을 기재했습니다.

memo
맛있게 드실 수 있도록 짧은 지식 등을 소개했습니다.

Part. 1
반죽하지 않는 빵

내열 용기와 숟가락으로
빵을 만들어 봅니다.
스스로 빵을 만들 수 있게 되면
빵에 무엇이 들어가는지 알게 되고,
첨가물 없이 만들 수 있습니다.
갓 구운 빵의 맛은 특별하답니다.

Working time 5분

반 죽 하 지 않 는!

기본빵

플레인

달걀, 유제품을 사용하지 않아요!
빵을 가볍게 즐길 수 있도록
심플한 배합으로 만들었습니다.
갓 구운 빵의 겉은 바삭하고
속은 부드럽고 쫄깃해요.
밀 본연의 맛을 즐길 수 있는 빵입니다.

재료 16×20cm 내열 용기 1개 분량

강력분 ⋯ 250g
물 ⋯ 180g
설탕 ⋯ 20g
드라이 이스트 ⋯ 4g
소금 ⋯ 4g
기름(기호에 따라) ⋯ 20g

준비

• 오븐을 180°C로 예열한다.
  * 만드는 법 5에서 반죽의 발효를 기다리는 동안 예열한다.

만드는법

1 내열 용기에 물, 설탕을 넣고 전자레인지에서 30초 가열한다.

2 드라이 이스트와 레시피 1/2 분량의 강력분을 넣고, 이스트의 덩어리가 남지 않도록 숟가락으로 잘 섞는다.

3 소금, 기름을 넣어 균일하게 섞고, 나머지 강력분도 넣어서 한 덩어리가 될 때까지 섞는다.

4 전자레인지에서 20초 가열한다.

5 반죽을 숟가락의 뒷부분으로 평평하게 펼치거나, 또는 6등분해서 둥글리기 한 다음 내열 용기에 다시 담는다. 용기에 랩을 씌우고 따뜻한 장소에서 10분 정도 발효시킨다.

Point 시간이 있다면 반죽 크기가 두 배가 될 때까지 발효시켜 주세요.

6 180°C로 예열된 오븐에서 20~25분간 굽는다.

Memo 달걀, 유제품을 사용하지 않는 레시피를 알고 싶다는 요청이 있어서 해당 레시피로 만들었습니다.

▶14~15p '반죽하지 않는! 기본빵·플레인 만드는 법 설명'을 참고해 주세요.

1

내열 용기에 물과 설탕을 넣는다

전자레인지에서
30초 가열

전자레인지에서 30초
가열하여 체온 정도로
데웁니다.

내열 용기에 물과 설탕을 넣습니다. 이
설탕물이 이스트의 영양분이 됩니다.

2

이스트와 강력분 1/2을 넣는다

드라이 이스트와 레시피 1/2 분량의
강력분을 넣고, 이스트의 덩어리가 남
지 않도록 숟가락으로 잘 섞습니다. 이
스트를 잘 섞고 녹여서 발효를 촉진합
니다.

＊ 충분히 섞지 않으면 이스트 냄새가 남을 수 있
　습니다.

5

평평하게 펼친다

or

숟가락의 뒷부분으로 내열 용기 전체
에 반죽을 펼치면 OK! 둥글리는 것보
다 간단해서 처음에는 용기에 펼치는
방법을 추천합니다.

6등분해서 둥글린다

반죽을 6등분한 후, 손에 덧가루(강력분 적당량을 손에 얇게 묻힌다)를
묻혀서 반죽을 위에서 아래로 쓰다듬듯이 둥글리기를 합니다. 그리고
내열 용기에 넣습니다.

3

소금, 기름, 남은 강력분을
넣고 섞는다

전체적으로 보글보글 기포가 생기면
소금, 기름을 넣어 균일하게 섞고, 남
은 강력분도 넣어 잘 섞습니다.

＊ 보글보글한 기포는 이스트가 발효를 시작했다
  는 신호입니다.

4

섞어서 한 덩어리로
만든다

가루가 보이지 않도록 잘 섞습니다. 전
부 한 덩어리가 되었다면 OK!

전자레인지에서
20초 가열

전자레인지에서 20초
가열해서 반죽이 쉽게
발효되도록 살짝 데웁
니다.

랩을 씌우고
10분간 둔다

발　효

내열 용기에 랩을 씌우고 10분 정도
두어 발효시킵니다. 실내가 건조할 때
는 랩 위에 물기를 꽉 짠 젖은 행주를
올려 두면 좋습니다. 추울 때는 해가
잘 드는 따뜻한 곳에 두거나, 오븐의
발효 기능을 사용해도 좋아요(40℃,
10~20분).

6

180℃ 오븐에서
20~25분간 굽는다

180℃로 예열된 오븐에서 20~25분간
가열합니다. 바로 먹지 않을 경우에는 잔
열을 식히고 랩으로 싸서 빵이 마르지 않
도록 합니다. 냉동하면 2주 정도 보관 가
능합니다.

쌀가루가 들어간 하얀빵

Working time 5분

쌀가루가 들어가서 폭신&쫄깃한 식감에 반죽하지 않는 하얀빵.
빵의 은은한 단맛에 자꾸 먹게 됩니다.

재 료 16×20cm 내열 용기 1개 분량

강력분 … 150g

쌀가루 … 100g

물 … 170g

설탕 … 20g

드라이 이스트 … 4g

소금 … 3g

녹인 버터(마가린 가능) … 20g

준 비

• 오븐을 150℃로 예열한다.

  * 만드는 법 5에서 반죽의 발효를 기다리는
    동안 예열한다.

만드는법

1 내열 용기에 물, 설탕을 넣고 전자레인지에서 30초 가열한다.

2 드라이 이스트와 강력분을 넣고, 이스트의 덩어리가 남지 않도록 숟가
락으로 잘 섞는다.

3 소금, 녹인 버터를 넣어 균일하게 섞고, 쌀가루도 넣어서 한 덩어리가
될 때까지 섞는다.

4 전자레인지에서 20초 가열한다.

5 반죽을 숟가락의 뒷부분으로 평평하게 펼치거나, 또는 6등분해서 둥
글리기 한 다음 내열 용기에 다시 담는다. 용기에 랩을 씌우고 따뜻한
장소에서 10분 정도 발효시킨다.

Point 시간이 있다면 반죽 크기가 두 배가
될 때까지 발효시켜 주세요.

6 가위로 반죽 겉면에 사선 모양 칼집을 넣고, 차 거름망으로 분량 외의
쌀가루를 뿌려서 150℃로 예열된 오븐에서 25~30분간 굽는다.

오르밀빵

오트밀이 들어가서 충분한 식이섬유를 섭취할 수 있고, 씹으면 씹을수록
단맛이 느껴지는 든든한 빵입니다. 오트밀은 식감도 일품이에요.

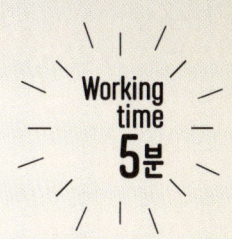

Working time 5분

재 료 16×20cm 내열 용기 1개 분량

강력분 … 200g

우유 … 100g

물 … 100g

설탕 … 20g

드라이 이스트 … 4g

소금 … 4g

기름(기호에 따라) … 20g

오트밀(퀵 타입) … 50g

만 드 는 법

1 내열 용기에 우유, 물, 설탕을 넣고 전자레인지에서 30초 가열한다.

2 드라이 이스트와 강력분 150g을 넣고, 이스트의 덩어리가 남지 않도록 숟가락으로 잘 섞는다.

3 소금, 기름, 오트밀을 넣어 균일하게 섞고, 남은 강력분도 넣어서 한 덩어리가 될 때까지 섞는다.

4 전자레인지에서 20초 가열한다.

5 반죽을 숟가락의 뒷부분으로 평평하게 펼치거나, 또는 6등분해서 둥글리기 한 다음 내열 용기에 다시 담는다. 용기에 랩을 씌우고 따뜻한 장소에서 10분 정도 발효시킨다.

Point 시간이 있다면 반죽 크기가 두 배가 될 때까지 발효시켜 주세요.

준 비

• 오븐을 180℃로 예열한다.

  * 만드는 법 5에서 반죽의 발효를 기다리는 동안 예열한다.

6 180℃로 예열된 오븐에서 20~25분간 굽는다.

▶14~15p '반죽하지 않는! 기본빵·플레인 만드는 법 설명'을 참고해 주세요.

Working time 5분

반죽하지 않는!

리치 브리오슈빵

버터와 우유, 달걀을 사용한
달콤하고 폭신한 반죽이 맛있는 브리오슈빵.
반죽하지 않아도 부드럽고 살살 녹는 식감입니다.

재료 16×20cm 내열 용기 1개 분량

강력분 … 150g

박력분 … 100g

우유 … 100g

설탕 … 40g

드라이 이스트 … 4g

소금 … 3g

달걀 … 1개

녹인 버터(마가린 가능) … 50g

준비

• 오븐을 180℃로 예열한다.

   * 만드는 법 5에서 반죽의 발효를 기다리는
     동안 예열한다.

만드는 법

1 내열 용기에 우유, 설탕을 넣고 전자레인지에서 20초 가열한다.

2 드라이 이스트와 강력분 100g을 넣고, 이스트의 덩어리가 남지 않도록 숟가락으로 잘 섞는다.

3 소금, 달걀, 녹인 버터를 넣어 균일하게 섞고, 남은 강력분과 박력분도 넣어서 한 덩어리가 될 때까지 섞는다.

4 전자레인지에서 20초 가열한다.

5 반죽을 숟가락의 뒷부분으로 평평하게 펼치거나, 또는 6등분해서 둥글기 한 다음 내열 용기에 다시 담는다. 용기에 랩을 씌우고 따뜻한 장소에서 10분 정도 발효시킨다.

Point 시간이 있다면 반죽 크기가 두 배가 될 때까지 발효시켜 주세요.

6 180℃로 예열된 오븐에서 20~25분간 굽는다.

▶14~15p '반죽하지 않는! 기본빵·플레인 만드는 법 설명'을 참고해 주세요.

호박빵

호박이 듬뿍 들어가서 건강하고, 폭신하고 쫄깃한 빵.
아이들이 좋아하는 은은한 단맛으로, 할로윈에 꼭 만들어 보세요!

재료 16×20cm 내열 용기 1개 분량

강력분 … 250g
호박 … 150g(껍질 제외하고)
우유 … 160g
설탕 … 40g
드라이 이스트 … 4g
소금 … 4g
녹인 버터
　(기호에 따른 기름 가능) … 35g

준비

• 호박은 적당히 잘라 전자레인지
에서 3~4분 가열해서 부드럽게
만든 후, 껍질을 벗겨 150g을 준
비한다. 껍질은 장식용으로 적당
량을 덜어 둔다.

• 오븐을 180℃로 예열한다.
　* 만드는 법 5에서 반죽의 발효를 기다리는
　　동안 예열한다.

만드는법

1 내열 용기에 우유, 설탕을 넣고 전자레인지에서 30초 가열한다.

2 드라이 이스트와 레시피 1/2 분량의 강력분을 넣고, 이스트의 덩어리
가 남지 않도록 숟가락으로 잘 섞는다.

3 준비해 둔 호박, 소금, 녹인 버터를 넣어 균일하게 섞고, 남은 강력분도
넣어서 한 덩어리가 될 때까지 섞는다.

> **Point** 호박의 수분이 많아 반죽이 잘 뭉쳐지지 않
> 으면 강력분을 조금 추가해 주세요.

4 전자레인지에서 20초 가열한다.

5 반죽을 숟가락의 뒷부분으로 평평하게 펼치거나, 또는 6등분해서 둥
글리기 한 다음 내열 용기에 다시 담는다. 용기에 랩을 씌우고 따뜻한
장소에서 10분 정도 발효시킨다.

> **Point** 시간이 있다면 반죽 크기가 두 배가
> 될 때까지 발효시켜 주세요.

6 취향에 따라 가위로 반죽 겉면에 ✳ 모양 칼집을 넣거나, 호박 껍질로
장식한다. 180℃로 예열된 오븐에서 20~25분간 굽는다.

▶14~15p '반죽하지 않는! 기본빵·플레인 만드는 법 설명'을 참고해 주세요.

Working time 5분

반죽하지않는!

논오일 두부빵

두부를 반죽에 듬뿍 넣은, 오일을 사용하지 않은 건강한 빵.
겉은 바삭, 속은 쫄깃한 식감을 즐길 수 있습니다.

재료 16×20cm 내열 용기 1개 분량

강력분 … 250g
연두부 … 100g
물 … 100g
설탕 … 20g
드라이 이스트 … 4g
소금 … 4g

준비

• 오븐을 180℃로 예열한다.

　* 만드는 법 5에서 반죽의 발효를 기다리는
　　동안 예열한다.

만드는 법

1 내열 용기에 물, 설탕을 넣고 전자레인지에서 20초 가열한다.

2 드라이 이스트와 강력분 100g을 넣고, 이스트의 덩어리가 남지 않도록 숟가락으로 잘 섞는다.

3 소금, 두부를 넣어 균일하게 섞고, 남은 강력분도 넣어서 한 덩어리가 될 때까지 섞는다.

4 전자레인지에서 20초 가열한다.

5 반죽을 숟가락의 뒷부분으로 평평하게 펼치거나, 또는 6등분해서 둥글리기 한 다음 내열 용기에 다시 담는다. 용기에 랩을 씌우고 따뜻한 장소에서 10분 정도 발효시킨다.

Point 시간이 있다면 반죽 크기가 두 배가 될 때까지 발효시켜 주세요.

6 180℃로 예열된 오븐에서 20~25분간 굽는다.

▶14~15p '반죽하지 않는! 기본빵·플레인 만드는 법 설명'을 참고해 주세요. 23

Working time 5분

초콜릿빵

부서진 초콜릿 식감과 코코아 향이 나는 폭신한 반죽이
초콜릿을 좋아하는 사람이라면 참을 수 없는 맛.
아이들도 아주 좋아하는 빵입니다.

재료 16×20cm 내열 용기 1개 분량

강력분 … 140g

박력분 … 100g

물 … 100g

우유 … 80g

설탕 … 40g

드라이 이스트 … 4g

코코아 파우더 … 10g

소금 … 3g

녹인 버터(마가린 가능) … 25g

초콜릿 … 50g

준비

• 오븐을 180°C로 예열한다.

  * 만드는 법 6에서 반죽의 발효를 기다리는
    동안 예열한다.

만드는 법

1 내열 용기에 물, 우유, 설탕을 넣고 전자레인지에서 30초 가열한다.

2 드라이 이스트와 강력분을 넣고, 이스트의 덩어리가 남지 않도록 숟가락으로 잘 섞는다.

3 코코아 파우더, 소금, 녹인 버터를 넣어 균일하게 섞고, 박력분도 넣어서 한 덩어리가 될 때까지 섞는다.

4 전자레인지에서 20초 가열한다.

5 초콜릿을 큼직하게 부수어 반죽에 넣고 섞는다.

6 반죽을 숟가락의 뒷부분으로 평평하게 펼치거나, 또는 6등분해서 둥글리기 한 다음 내열 용기에 다시 담는다. 용기에 랩을 씌우고 따뜻한 장소에서 10분 정도 발효시킨다.

Point 시간이 있다면 반죽 크기가 두 배가 될 때까지 발효시켜 주세요.

7 180°C로 예열된 오븐에서 20~25분간 굽는다.

▶14~15p '반죽하지 않는! 기본빵·플레인 만드는 법 설명'을 참고해 주세요.

반죽하지 않는!

쿠키&
크림빵

유행하는 흑백 색감이 귀여운 쿠키&크림빵.
폭신하고 쫄깃한 빵과 쿠키의 촉촉하고 바삭한 식감이 훌륭합니다.

재료 16×20cm 내열 용기 1개 분량

강력분 … 150g

박력분 … 100g

물 … 100g

우유 … 80g

설탕 … 35g

드라이 이스트 … 4g

소금 … 3g

녹인 버터(마가린 가능) … 25g

크림 샌드 쿠키 … 50g

준비

- 오븐을 180°C로 예열한다.
  - * 만드는 법 6에서 반죽의 발효를 기다리는
    동안 예열한다.

만드는 법

1 내열 용기에 물, 우유, 설탕을 넣고 전자레인지에서 30초 가열한다.

2 드라이 이스트와 강력분을 넣고, 이스트의 덩어리가 남지 않도록 숟가락으로 잘 섞는다.

3 소금, 녹인 버터를 넣어 균일하게 섞고, 박력분도 넣어서 한 덩어리가 될 때까지 섞는다.

4 전자레인지에서 20초 가열한다.

5 쿠키를 부숴서 반죽에 넣고 섞는다.

6 반죽을 숟가락의 뒷부분으로 평평하게 펼치거나, 또는 6등분해서 둥글리기 한 다음 내열 용기에 다시 담는다. 용기에 랩을 씌우고 따뜻한 장소에서 10분 정도 발효시킨다.

Point 시간이 있다면 반죽 크기가 두 배가 될 때까지 발효시켜 주세요.

7 180°C로 예열된 오븐에서 20~25분간 굽는다.

참깨빵

참깨의 톡톡 튀는 식감과 부드러운 풍미가 입안 가득 펼쳐지는 심플한 빵입니다.

Working time 5분

재료 · 16×20cm 내열 용기 1개 분량

강력분 … 250g
물 … 170g
설탕 … 15g
드라이 이스트 … 4g
소금 … 4g
기름(기호에 따라) … 20g
볶은 검은깨 … 2큰술

만드는 법

1 내열 용기에 물, 설탕을 넣고 전자레인지에서 30초 가열한다.

2 드라이 이스트와 레시피 1/2 분량의 강력분을 넣고, 이스트의 덩어리가 남지 않도록 숟가락으로 잘 섞는다.

3 소금, 기름, 검은깨를 넣어 균일하게 섞고, 남은 강력분도 넣어서 한 덩어리가 될 때까지 섞는다.

4 전자레인지에서 20초 가열한다.

5 반죽을 숟가락의 뒷부분으로 평평하게 펼치거나, 또는 6등분해서 둥글리기 한 다음 내열 용기에 다시 담는다. 용기에 랩을 씌우고 따뜻한 장소에서 10분 정도 발효시킨다.

Point 시간이 있다면 반죽 크기가 두 배가 될 때까지 발효시켜 주세요.

준비

• 오븐을 180°C로 예열한다.
  * 만드는 법 5에서 반죽의 발효를 기다리는 동안 예열한다.

6 180°C로 예열된 오븐에서 20~25분간 굽는다.

홍차빵

Working time 5분

달착지근하고 홍차 향이 은은한, 조금은 어른스러운 맛의 빵입니다.

재 료 16×20cm 내열 용기 1개 분량

강력분 … 250g

물 … 100g

우유 … 80g

설탕 … 30g

드라이 이스트 … 4g

소금 … 3g

녹인 버터(마가린 가능) … 20g

티백 속 홍차 잎 … 티백 1개

준 비

• 오븐을 180°C로 예열한다.

* 만드는 법 5에서 반죽의 발효를 기다리는
　동안 예열한다.

만 드 는 법

1 내열 용기에 물, 우유, 설탕을 넣고 전자레인지에서 30초 가
열한다.

2 드라이 이스트와 레시피 1/2 분량의 강력분을 넣고, 이스트
의 덩어리가 남지 않도록 숟가락으로 잘 섞는다.

3 소금, 녹인 버터, 홍차 잎을 넣어 균일하게 섞고, 남은 강력
분도 넣어서 한 덩어리가 될 때까지 섞는다.

4 전자레인지에서 20초 가열한다.

5 반죽을 숟가락의 뒷부분으로 평평하게 펼치거나, 또는 6등
분해서 둥글리기 한 다음 내열 용기에 다시 담는다. 용기에
랩을 씌우고 따뜻한 장소에서 10분 정도 발효시킨다.

Point 시간이 있다면 반죽 크기가 두 배가
될 때까지 발효시켜 주세요.

6 180°C로 예열된 오븐에서 20~25분간 굽는다.

▶14~15p '반죽하지 않는! 기본빵·플레인 만드는 법 설명'을 참고해 주세요. **29**

건포도 슈거롭

겉은 슈거 버터로 바삭바삭, 속은 폭신하고 쫄깃쫄깃.
반죽 안에는 몽글몽글한 건포도가 듬뿍 들어간 풍부한 맛입니다.

재료
16×20cm 내열 용기 1개 분량

빵 반죽

강력분 … 250g

물 … 170g

설탕 … 20g

드라이 이스트 … 4g

소금 … 3g

녹인 버터(마가린 가능) … 20g

건포도 … 50g

토핑

녹인 버터(마가린 가능) … 20g

설탕 … 20g

준비

• 건포도는 뜨거운 물로 살짝 씻은 뒤, 뜨
거운 물에 15분간 담갔다 꺼내어 키친
타월로 물기를 제거해 둔다.

• 오븐을 180℃로 예열한다.

 * 만드는 법 5에서 반죽의 발효를 기다리는 동안
   예열한다.

만드는 법

1 내열 용기에 물, 설탕을 넣고 전자레인지에서 30초 가열
한다.

2 드라이 이스트와 레시피 1/2 분량의 강력분을 넣고, 이스트
의 덩어리가 남지 않도록 숟가락으로 잘 섞는다.

3 소금, 녹인 버터, 준비
해 둔 건포도를 넣어 균
일하게 섞고, 남은 강력
분도 넣어서 한 덩어리
가 될 때까지 섞는다.

4 전자레인지에서 20초 가열한다.

5 반죽을 숟가락의 뒷부분으로 평평하게 펼치거나, 또는 6등
분해서 둥글리기 한 다음 내열 용기에 다시 담는다. 용기에
랩을 씌우고 따뜻한 장소에서 10분 정도 발효시킨다.

> **Point** 시간이 있다면 반죽 크기가 두 배가
> 될 때까지 발효시켜 주세요.

6 가위로 반죽 겉면에 사선으로
십자 모양 칼집을 넣고, 잘 섞
은 토핑용 녹인 버터와 설탕을
칼집 안에 넣는다. 180℃로 예
열된 오븐에서 20~25분간 굽
는다.

> **Point**
> 반죽을 평평하게 펼친 경우에는
> 칼집을 넣지 않고 그대로 토핑을
> 올려서 구워도 됩니다.

반죽하지않는!

캐러멜 넛츠빵

푹신한 빵 반죽 안에 쭈욱 넘쳐흐르는 캐러멜!
아몬드 슬라이스의 바삭한 식감도 으뜸이에요.

재료 16×20cm 내열 용기 1개 분량

빵 반죽

강력분 ⋯ 100g

박력분 ⋯ 100g

물 ⋯ 50g

우유 ⋯ 80g

설탕 ⋯ 25g

드라이 이스트 ⋯ 3g

소금 ⋯ 3g

녹인 버터(마가린 가능) ⋯ 20g

토핑

밀크 캐러멜(시판) ⋯ 낱개로 12개

아몬드 슬라이스 ⋯ 20g

준비

• 오븐을 180°C로 예열한다.

  * 만드는 법 5에서 반죽의 발효를 기다리는 동안
    예열한다.

만드는 법

1 내열 용기에 물, 우유, 설탕을 넣고 전자레인지에서 30초 가열한다.

2 드라이 이스트와 강력분을 넣고, 이스트의 덩어리가 남지 않도록 숟가락으로 잘 섞는다.

3 소금, 녹인 버터를 넣어 균일하게 섞고, 박력분도 넣어서 한 덩어리가 될 때까지 섞는다.

4 전자레인지에서 20초 가열한다.

5 반죽을 숟가락의 뒷부분으로 평평하게 펼치거나, 또는 6등분해서 둥글리기 한 다음 내열 용기에 다시 담는다. 용기에 랩을 씌우고 따뜻한 장소에서 10분 정도 발효시킨다.

> **Point** 시간이 있다면 반죽 크기가 두 배가 될 때까지 발효시켜 주세요.

6 가위로 반죽 겉면에 십자 모양 칼집을 내어 캐러멜을 두 개씩 칼집 안으로 넣고, 아몬드 슬라이스를 뿌린 후 180°C로 예열된 오븐에서 15~20분간 굽는다.

> **Point** 반죽을 평평하게 펼친 경우에는 칼집을 넣지 않고 캐러멜을 올리기만 해도 됩니다.

▶14~15p '반죽하지 않는! 기본빵·플레인 만드는 법 설명'을 참고해 주세요. 33

반죽하지않는!

치즈 포카치아

포카치아도 이 레시피라면 더욱 간단하게, 짧은 시간에 가능합니다.
섞어서 굽기만 해도 바삭하고 폭신한 포카치아 완성!

재료 16×20cm 내열 용기 1개 분량

빵 반죽

강력분 ··· 200g
물 ··· 150g
설탕 ··· 20g
드라이 이스트 ··· 3g
소금 ··· 3g
올리브유(기호에 따른 기름 가능) ··· 20g

토핑

암염(기호에 따른 소금 가능),
　올리브유 ··· 적당량
로즈메리, 치즈 ··· 적당량

준비

• 오븐을 200℃로 예열한다.
　＊ 만드는 법 4에서 반죽의 발효를 기다리는 동안
　　예열한다.

• 치즈는 기호에 따라 준비하여 적당히
　작게 잘라 둔다.

만드는법

1 내열 용기에 물, 설탕을 넣고 전자레인지에서 30초 가열한다.

2 드라이 이스트와 레시피 1/2 분량의 강력분을 넣고, 이스트의 덩어리가 남지 않도록 숟가락으로 잘 섞는다.

3 소금, 올리브유를 넣어 균일하게 섞고, 남은 강력분도 넣어서 한 덩어리가 될 때까지 섞는다. 그리고 반죽을 숟가락의 뒷부분으로 평평하게 펼친다.

4 전자레인지에서 20초 가열한 후 용기에 랩을 씌우고 따뜻한 장소에서 10분 정도 발효시킨다.

Point 시간이 있다면 반죽 크기가 두 배가
될 때까지 발효시켜 주세요.

5 반죽에 올리브유를 두르고, 손가락으로 아홉 군데 정도 구멍을 낸 후 취향에 따라 로즈메리나 치즈를 올리고 암염을 뿌린다.

6 200℃로 예열된 오븐에서 15~20분간 굽는다.

▶14~15p '반죽하지 않는! 기본빵·플레인 만드는 법 설명'을 참고해 주세요. 35

반 죽 하 지 않 는 !

콰트로 프로마주빵

바삭쫄깃한 식감에 치즈가 사르르 녹아내려요.
꿀을 살짝 뿌리면 맛있는 피자 같은 빵입니다.

 16×20cm 내열 용기 1개 분량

빵 반죽

강력분 … 200g
박력분 … 50g
물 … 180g
설탕 … 15g
드라이 이스트 … 4g
소금 … 4g
올리브유 … 10g

토핑

올리브유 … 1큰술
치즈(기호에 따라 4가지) … 200g
꿀 … 적당량

만드는법

1 내열 용기에 물, 설탕을 넣고 전자레인지에서 30초 가열한다.

2 드라이 이스트와 강력분 150g을 넣고, 이스트의 덩어리가 남지 않도록 숟가락으로 잘 섞는다.

3 소금, 올리브유를 넣어 균일하게 섞고, 남은 강력분과 박력분도 넣어서 한 덩어리가 될 때까지 섞는다.

4 전자레인지에서 20초 가열한다.

5 반죽을 숟가락의 뒷부분으로 평평하게 펼치고, 용기에 랩을 씌워서 따뜻한 장소에서 10분 정도 발효시킨다.

Point 시간이 있다면 반죽 크기가 두 배가 될 때까지 발효시켜 주세요.

6 반죽에 올리브유를 두르고, 반죽 전체에 손가락으로 구멍을 낸 후 치즈를 골고루 뿌린다. 200℃로 예열된 오븐에서 20~25분간 구운 후 꿀을 뿌린다.

준비

• 오븐을 200℃로 예열한다.

＊ 만드는 법 5에서 반죽의 발효를 기다리는 동안 예열한다.

참치마요 치즈빵

인기 만점인 참치마요빵도 반죽하지 않고 간단히!
뚝딱 만들었는데도 파는 빵에 뒤지지 않는 맛입니다.

Working time 5분

재료 — 16×20cm 내열 용기 1개 분량

빵 반죽

강력분 … 200g

박력분 … 50g

물 … 130g

설탕 … 15g

드라이 이스트 … 4g

소금 … 3g

달걀 … 1개

녹인 버터(마가린 가능) … 20g

토핑

참치 캔 … 1캔(70g)

마요네즈 … 4큰술

소금, 후추 … 적당량

피자치즈 … 적당량

파슬리 … 적당량

준비

• 토핑용 참치는 기름을 빼서 마요네즈랑 섞고, 취향에 따라 소금과 후추로 간한다.

• 오븐을 200℃로 예열한다.

  * 만드는 법 5에서 반죽의 발효를 기다리는 동안 예열한다.

만드는법

1 내열 용기에 물, 설탕을 넣고 전자레인지에서 30초 가열한다.

2 드라이 이스트와 레시피 1/2 분량의 강력분을 넣고, 이스트의 덩어리가 남지 않도록 숟가락으로 잘 섞는다.

3 소금, 달걀, 녹인 버터를 넣어 균일하게 섞고, 남은 강력분과 박력분도 넣어서 한 덩어리가 될 때까지 섞는다.

4 전자레인지에서 20초 가열한다.

5 반죽을 숟가락의 뒷부분으로 평평하게 펼치고, 용기에 랩을 씌워서 따뜻한 장소에서 10분 정도 발효시킨다.

Point 시간이 있다면 반죽 크기가 두 배가 될 때까지 발효시켜 주세요.

6 반죽 전체에 손가락으로 구멍을 낸 후 준비해 둔 토핑용 참치마요와 치즈를 골고루 올린다. 200℃로 예열된 오븐에서 20~25분간 구운 후, 취향껏 다진 파슬리를 뿌린다.

콘마요빵

은은한 단맛, 폭신하고 쫄깃한 반죽에 콘마요네즈가 어우러진 빵.
아이부터 어른까지 모두가 좋아하는 조리빵입니다.

재료 16×20cm 내열 용기 1개 분량

빵 반죽

강력분 … 250g

물 … 100g

우유 … 80g

설탕 … 20g

드라이 이스트 … 4g

소금 … 3g

녹인 버터(마가린 가능) … 20g

토핑

옥수수 캔 … 1캔
  (물기를 털어 내고 120g)

마요네즈 … 4큰술

설탕 … 약간

소금, 후추 … 적당량

파슬리 … 적당량

준비

• 오븐을 200°C로 예열한다.

  * 만드는 법 5에서 반죽의 발효를 기다리는
    동안 예열한다.

만 드 는 법

1 내열 용기에 물, 우유, 설탕을 넣고
전자레인지에서 30초 가열한다.

2 드라이 이스트와 레시피 1/2 분량
의 강력분을 넣고, 이스트의 덩어
리가 남지 않도록 숟가락으로 잘
섞는다.

3 소금, 녹인 버터를 넣어 균일하게
섞고, 남은 강력분도 넣어서 한 덩
어리가 될 때까지 섞는다.

4 전자레인지에서 20초 가열한다.

5 반죽을 숟가락의 뒷부분
으로 평평하게 펼치고, 용
기에 랩을 씌워서 따뜻한
장소에서 10분 정도 발효
시킨다.

Point 시간이 있다면 반죽 크
기가 두 배가 될 때까지
발효시켜 주세요.

6 반죽 전체에 손가락으로
구멍을 낸 후 섞어 둔 토핑
용 재료(파슬리 제외)를 골
고루 올린다. 200°C로 예
열된 오븐에서 20~25분
간 구운 후, 취향껏 다진
파슬리를 뿌린다.

▶14~15p '반죽하지 않는! 기본빵·플레인 만드는 법 설명'을 참고해 주세요.

독일 포테이로 스타일빵

은은하게 달콤한 빵과 매콤한 독일 포테이토의 조합이 환상적이에요!
포슬포슬한 감자의 식감은 자꾸만 손이 가는 맛입니다.

재료 16×20cm 내열 용기 1개 분량

빵 반죽

강력분 ··· 200g
물 ··· 120g
설탕 ··· 15g
드라이 이스트 ··· 3g
소금 ··· 3g
올리브유 ··· 15g

토핑

감자 ··· 2개
베이컨(덩어리) ··· 100g
올리브유 ··· 1큰술
머스터드 ··· 2작은술
소금, 후추 ··· 적당량
간 마늘 ··· 소량
파슬리 ··· 적당량

만드는법

1 내열 용기에 물, 설탕을 넣고 전자레인지에서 30초 가열한다.

2 드라이 이스트와 레시피 1/2 분량의 강력분을 넣고, 이스트의 덩어리가 남지 않도록 숟가락으로 잘 섞는다.

3 소금, 올리브유를 넣어 균일하게 섞고, 남은 강력분도 넣어서 한 덩어리가 될 때까지 섞는다.

4 전자레인지에서 20초 가열한다.

5 반죽을 숟가락의 뒷부분으로 평평하게 펼치고, 용기에 랩을 씌워서 따뜻한 장소에서 10분 정도 발효시킨다.

Point 시간이 있다면 반죽 크기가 두 배가 될 때까지 발효시켜 주세요.

6 토핑용 독일 포테이토를 만든다. 프라이팬에 올리브유를 두르고 달군 다음, 준비한 감자와 베이컨을 볶은 후 머스터드, 소금, 후추, 마늘을 버무려서 간한다.

7 반죽 전체에 손가락으로 구멍을 낸 후 6의 독일 포테이토를 골고루 올린다. 180℃로 예열된 오븐에서 20~25분간 구운 후, 취향껏 다진 파슬리를 뿌린다.

준비

• 토핑용 감자는 싹을 도려내고 취향에 따라 껍질을 벗겨서 2~3mm 두께로 자른다. 베이컨도 2~3mm 두께로 자른다.

• 오븐을 180℃로 예열한다.
  * 만드는 법 5에서 반죽의 발효를 기다리는 동안 예열한다.

▶14~15p '반죽하지 않는! 기본빵·플레인 만드는 법 설명'을 참고해 주세요.

바나나 호두빵

바나나의 부드러운 풍미와 호두의 고소한 식감이 잘 어울립니다.
마치 케이크와 같은 풍부한 맛의 빵이에요.

재료 16×20cm 내열 용기 1개 분량

강력분 ··· 100g

박력분 ··· 100g

물 ··· 80g

설탕 ··· 35g

드라이 이스트 ··· 3g

소금 ··· 3g

녹인 버터(마가린 가능) ··· 30g

바나나 ··· 1개(껍질 제외하고 100g)

달걀 ··· 1개

호두(구운 것) ··· 50g

준비

- 오븐을 180°C로 예열한다.
  * 만드는 법 6에서 반죽의 발효를 기다리는 동안
    예열한다.

만드는 법

1 내열 용기에 물, 설탕을 넣고 전자레인지에서 20초 가열한다.

2 드라이 이스트와 레시피 1/2 분량의 강력분을 넣고, 이스트의 덩어리가 남지 않도록 숟가락으로 잘 섞는다.

3 소금, 녹인 버터, 바나나, 달걀을 넣고 바나나를 포크 등으로 으깨며 균일하게 섞는다.

4 남은 강력분과 박력분도 넣어서 한 덩어리가 될 때까지 섞는다.

5 전자레인지에서 20초 가열한다.

6 호두를 넣고 반죽을 숟가락의 뒷부분으로 평평하게 펼치고, 용기에 랩을 씌워서 따뜻한 장소에서 10분 정도 발효시킨다.

Point 시간이 있다면 반죽 크기가 두 배가 될 때까지 발효시켜 주세요.

7 180°C로 예열된 오븐에서 20~25분간 굽는다.

▶14~15p '반죽하지 않는! 기본빵·플레인 만드는 법 설명'을 참고해 주세요. 43

슈톨렌

양주에 절인 과일과 견과류가 듬뿍♪
은은한 향신료 향이 매력적인 슈톨렌을 반죽하지 않고 간단히 만들 수 있습니다.

재 료 16×20cm 내열 용기 1개 분량

> **빵 반죽**
>
> 강력분 … 100g
>
> 박력분 … 100g
>
> 물 … 100g
>
> 설탕 … 35g
>
> 드라이 이스트 … 3g
>
> 소금 … 3g
>
> 녹인 버터(마가린 가능) … 40g
>
> 달걀노른자 … 1개
>
> 향신료(기호에 따라) … 적당량
>
> 양주에 절인 건과일이나 견과류 … 100g

> **마지팬(기호에 따라)**
>
> 아몬드 가루 … 30g
>
> 분당 … 30g
>
> 달걀흰자 … 10g

> **마무리**
>
> 버터(마가린 가능) … 20g
>
> 분당 … 적당량

준 비

- 기호에 따라 마지팬을 추가할 경우, 마지팬 의 재료를 섞어 둔다.

- 오븐을 180°C로 예열한다.

  * 만드는 법 6에서 반죽의 발효를 기다리는 동안 예열한다.

만 드 는 법

1 내열 용기에 물, 설탕을 넣고 전자레인지에서 20초 가열 한다.

2 드라이 이스트와 강력분을 넣고, 이스트의 덩어리가 남지 않도록 숟가락으로 잘 섞는다.

3 소금, 녹인 버터, 달걀노른자, 향신료를 넣어 균일하게 섞 고, 박력분도 넣어서 한 덩어리가 될 때까지 섞는다.

4 건과일이나 견과류를 넣고 섞는다.

5 전자레인지에서 20초 가열한다.

6 반죽을 숟가락의 뒷부분으로 평평하게 펼치고, 용기에 랩 을 씌워서 따뜻한 장소에서 10분 정도 발효시킨다.

> **Point** 시간이 있다면 반죽 크기가 두 배가 될 때까지 발효시켜 주세요.

7 기호에 따라 준비한 마지팬을 반죽 위에 듬성듬성 올 린다.

8 180°C로 예열된 오븐 에서 25~30분간 구운 후, 빵이 따뜻할 때 부드 럽게 만든 버터를 바르 고 분당을 듬뿍 뿌린다.

> **Memo**
> - 향신료는 시나몬이나 넛맥 등 기호에 따라 넣어 주세요. 양주에 절인 건과일 믹스는 시중 마트에서 구입할 수 있 습니다.
> - 전통적인 슈톨렌과는 다르므로 가급적 빨리 드세요.

▶14~15p '반죽하지 않는! 기본빵·플레인 만드는 법 설명'을 참고해 주세요.

꽃잎 햄마요빵

마치 꽃처럼 예쁜 빵!
바삭하고 쫄깃한 빵 사이로 햄과 치즈가 빼꼼~

Working time
10분

재 료 16×20cm 내열 용기 1개 분량

빵 반죽

강력분 ··· 200g
물 ··· 120g
설탕 ··· 10g
드라이 이스트 ··· 3g
소금 ··· 3g
녹인 버터(마가린 가능) ··· 20g

속 재료

햄 ··· 4장
슬라이스 치즈 ··· 4장

준 비

• 오븐을 180℃로 예열한다.
  * 만드는 법 7에서 반죽의 발효를 기다리는 동안
    예열한다.

만 드 는 법

1 내열 용기에 물, 설탕을 넣고 전자레인지에서 30초 가열
한다.

2 드라이 이스트와 레시피 1/2 분량의 강력분을 넣고, 이스트
의 덩어리가 남지 않도록 숟가락으로 잘 섞는다.

3 소금, 녹인 버터를 넣어 균일하게 섞고, 남은 강력분도 넣어
서 한 덩어리가 될 때까지 섞는다.

4 전자레인지에서 20초 가열한다.

5 반죽을 숟가락의 뒷부
분으로 평평하게 펼친
후 햄과 치즈를 올린다.

6 반죽을 앞에서부터 돌돌 만 후 가위로 반죽을 6등분으로 자
르고, 자른 단면이 위로 오도록 용기에 담는다.

7 용기에 랩을 씌우고 따뜻한 장소에서 10분 정도 발효시킨다.

Point 시간이 있다면 반죽 크기가 두 배가
될 때까지 발효시켜 주세요.

8 180℃로 예열된 오븐에서 15~20분간 굽는다.

▶14~15p '반죽하지 않는! 기본빵·플레인 만드는 법 설명'을 참고해 주세요. 47

반 죽 하 지 않 는!

시나몬롤

섞는 것만으로 놀라울 만큼 간단하게 만들 수 있는 반죽에
시나몬 설탕을 돌돌 말아 넣은 폭신한 시나몬롤입니다.

재료 16×20cm 내열 용기 1개 분량

빵 반죽

강력분 … 150g

박력분 … 50g

물 … 110g

설탕 … 35g

드라이 이스트 … 3g

소금 … 3g

녹인 버터(마가린 가능) … 30g

시나몬 설탕 … 적당량

버터(마가린 가능) … 20g

아이싱

분당 … 6큰술

물 … 2작은술

준비

• 오븐을 180°C로 예열한다.

  * 만드는 법 7에서 반죽의 발효를 기다리는 동안
    예열한다.

만드는법

1 내열 용기에 물, 설탕을 넣고 전자레인지에서 30초 가열
한다.

2 드라이 이스트와 강력분 100g을 넣고, 이스트의 덩어리가
남지 않도록 숟가락으로 잘 섞는다.

3 소금, 녹인 버터를 넣어 균일하게 섞고, 남은 강력분과 박력
분도 넣어서 한 덩어리가 될 때까지 섞는다.

4 전자레인지에서 20초 가열한다.

5 반죽을 숟가락의 뒷부분으로 평평하게 펼친 후, 표면에 부드
럽게 만든 버터를 바르고 시나몬 설탕을 뿌린다.

6 반죽을 앞에서부터 돌
돌 만 후 가위로 반죽을
6등분으로 자르고, 자
른 단면이 위로 오도록
용기에 담는다.

7 용기에 랩을 씌우고 따뜻한 장소에서 10분 정도 발효시
킨다.

Point 시간이 있다면 반죽 크기가 두 배가
될 때까지 발효시켜 주세요.

8 180°C로 예열된 오븐
에서 15~20분간 구운
후, 아이싱용 재료를 섞
어서 숟가락 등으로 뿌
린다.

양파치즈빵

잘 익힌 달콤한 양파와 육즙이 촉촉한 베이컨,
폭신하고 쫄깃한 식감에 계속 손이 가는 빵입니다.

재료 16×20cm 내열 용기 1개 분량

빵 반죽

강력분 ⋯ 200g
물 ⋯ 70g
우유 ⋯ 50g
설탕 ⋯ 10g
드라이 이스트 ⋯ 3g
소금 ⋯ 3g
녹인 버터(마가린 가능) ⋯ 20g

속 재료&토핑

양파 ⋯ 1/2개(껍질 제외하고 100g 정도)
베이컨 ⋯ 2장
소금, 후추, 마요네즈 ⋯ 적당량
피자치즈 ⋯ 적당량

준비

• 양파는 얇게 썬다.

• 오븐을 200°C로 예열한다.
  * 만드는 법 7에서 반죽의 발효를 기다리는 동안
    예열한다.

만드는법

1 내열 용기에 물, 우유, 설탕을 넣고 전자레인지에서 30초 가열한다.

2 드라이 이스트와 레시피 1/2 분량의 강력분을 넣고, 이스트의 덩어리가 남지 않도록 숟가락으로 잘 섞는다.

3 소금, 녹인 버터를 넣어 균일하게 섞고, 남은 강력분도 넣어서 한 덩어리가 될 때까지 섞는다.

4 전자레인지에서 20초 가열한다.

5 반죽을 숟가락의 뒷부분으로 평평하게 펼친 후, 준비한 양파의 1/2과 베이컨을 올리고 소금, 후추, 마요네즈를 뿌린다.

6 반죽을 앞에서부터 돌돌 만 후 가위로 반죽을 6등분으로 자르고, 자른 단면이 위로 오도록 용기에 담는다.

7 용기에 랩을 씌우고 따뜻한 장소에서 10분 정도 발효시킨다.

Point 시간이 있다면 반죽 크기가 두 배가 될 때까지 발효시켜 주세요.

8 남은 양파와 치즈를 올려서 200°C로 예열된 오븐에서 15~20분간 굽는다.

반죽하지 않는 빵 Q&A

Q 발효 횟수나 시간이 다른 빵 레시피와 다른데, 어떻게 빵이 만들어지나요?

A 처음에 이스트의 영양분이 되는 설탕물로 이스트를 충분히 활성화한 후, 이스트의 발효를 방해하는 다른 재료들을 나중에 추가하여 효율적으로 발효시키기 때문입니다. 성형 전에 전자레인지로 이스트 발효에 적합한 온도로 따뜻하게 만드는 것은, 발효가 잘 이루어지도록 하고 불필요한 수분을 날려 반죽을 다루기 쉽게 만드는 효과도 있습니다. 빵 만들기가 처음인 분들도 간단히 만들 수 있도록 최소한의 필요한 과정과 도구만으로 갓 구운 빵을 즐길 수 있도록 레시피를 개발했습니다.

Q 반죽하지 않는 빵의 반죽을 냉장고에 보관해서 다음 날 굽거나, 냉동하는 것도 가능한가요?

A 가능합니다. 냉장 발효는 드라이 이스트 양을 레시피의 절반으로 줄이고, 91p '밤에 반죽해서 아침에 굽는 벌꿀식빵' 레시피의 만드는 법 6을 참고해 주세요. 그리고 성형한 반죽을 냉동할 경우에는 쿠킹 시트를 깐 쟁반에 올린 후 랩을 씌워 냉동합니다. 단단하게 얼면 지퍼백에 넣어 보관하고, 실온에서 1~2시간 해동한 후 구우면 먹고 싶을 때 언제든지 갓 구운 빵을 즐길 수 있습니다.

Q 반죽하지 않아도 어떻게 빵을 만들 수 있나요?

A 반죽의 수분을 조금 늘려서, 반죽하지 않아도 폭신하고 쫄깃한 식감을 즐길 수 있도록 배합했습니다.

Q 반죽하지 않는 빵의 반죽을 둥글리기 하는 것이 잘 되지 않습니다. 수분을 줄여도 될까요?

A 수분량을 줄이면 반죽이 건조해지기 쉽습니다. 손에 덧가루를 살짝 바르고 빠르게 작업하는 것에 익숙해지면 자연스럽게 반죽을 둥글게 만들 수 있게 됩니다.

Q 왜 이스트와 레시피 분량의 1/2의 강력분을 섞나요?

A 이스트와 설탕물을 섞으면 이스트가 덩어리지기 쉬우므로, 강력분을 분량의 절반을 넣고 점성을 만들면 재료들이 균일하게 섞이고 덩어리가 잘 생기지 않게 됩니다.

Q 식어 버린 빵을 맛있게 데우는 방법은?

A 전자레인지에서 살짝 데운 후(10~20초 정도) 토스터기에 구우면 갓 구운 빵과 같은 맛을 즐길 수 있습니다.

Part. 2
반죽하는 빵

빵 반죽을 다루는 데에 익숙해졌다면
이번에는 '반죽하기→성형'에 도전해 봅시다!
빵집에서 파는 것 같은 빵을
집에서도 손쉽게 만들 수 있답니다.
빵을 반죽하는 작업은
아이와 함께 즐길 수 있어요.

Working
time
5분

반 죽 하 는

기본
둥근빵

(플레인)

'반죽하지 않는 기본빵'과
재료는 같지만
반죽할 때 잘 들러붙지 않는
배합으로 만들었습니다.
간단히 짧은 시간에 만들 수 있는 데다가
쫄깃한 식감에
질리지 않는 소박한 맛.
몇 번이라도 반복해서 만들고 싶은
심플한 빵입니다.

재료 4개 분량

강력분 … 150g

물 … 90g

설탕 … 15g

드라이 이스트 … 3g

소금 … 3g

기름(기호에 따라) … 15g

준비

• 철판에 쿠킹 시트를 깔아 둔다.

• 오븐을 180°C로 예열한다.
  * 만드는 법 7에서 반죽의 발효를 기다리는 동안 예열한다.

만드는 법

1 내열볼에 물, 설탕을 넣고 전자레인지에서 20초 가
열한다.

2 드라이 이스트와 레시피 1/2 분량의 강력분을 넣고,
이스트의 덩어리가 남지 않도록 숟가락으로 잘 섞
는다.

3 나머지 강력분, 소금, 기름을 넣고 한 덩어리가 될 때
까지 섞는다.

4 작업대로 반죽을 꺼내서 손바닥으로 눌러 가며 반죽
한다. 반죽이 작업대에 달라붙지 않고, 귓불 정도로
부드럽게 될 때까지 반죽해서 한 덩어리로 뭉친 후
내열볼에 넣는다.

> **Point** 반죽이 끈적거리면 강력분을, 푸석하면 미
> 지근한 물을 더하여 조절해 주세요.

5 전자레인지에서 20초 가열한다.

6 반죽을 4등분해서 둥글린다.

7 준비한 철판에 반죽을 올리고 랩 또는 젖은 행주를
덮은 다음, 따뜻한 장소에서 10분 정도 발효시킨다.

> **Point** 시간이 있다면 반죽 크기가 두 배가
> 될 때까지 발효시켜 주세요.

8 180°C로 예열된 오븐에서 10~15분간 굽는다.

▶56~57p '반죽하는 기본 둥근빵·플레인 만드는 법 설명'을 참고해 주세요.

반 죽 하 는 **기본 둥근빵** (플레인) 만드는 법 설명

1

내열볼에
물과 설탕을 넣는다

전자레인지에서
20초 가열

전자레인지에서 20초
가열하여 체온 정도로
데웁니다.

내열볼에 물과 설탕을 넣습니다. 이 설
탕물이 이스트의 영양분이 됩니다.

2

이스트와 강력분 1/2을
넣는다

드라이 이스트와 레시피 1/2 분량의
강력분을 넣고, 이스트의 덩어리가 남
지 않도록 숟가락으로 잘 섞습니다. 이
스트를 잘 섞고 녹여서 발효를 촉진합
니다.

5

전자레인지에서
20초 가열

전자레인지에서 20초
가열해서 반죽이 쉽게
발효되도록 살짝 데웁
니다.

6

4등분해서 둥글린다

스크래퍼 등으로 반죽을 4등분하고 둥글게 성형합니다. 위에서 아래로 쓰다듬듯
이 둥글리며 표면을 매끄럽게 만듭니다. 반죽의 이음매가 아래로(깨끗한 면이 위
로) 가게 합니다.

＊ 분할한 반죽은 건조해지지 않도록 바로 랩 또는 물기를 꽉 짠 젖은 행주로 덮어 둡니다.

3

나머지 강력분, 소금, 기름을 넣고 섞는다

전체적으로 보글보글 기포가 생기면 나머지 강력분, 소금, 기름을 넣어 균일하게 섞습니다. 가루가 보이지 않고 한 덩어리로 뭉쳐졌다면 OK!

4

반죽을 작업대로 꺼내서 반죽한다

손바닥으로 눌러 가며 반죽합니다. 처음에는 끈적끈적해서 작업대나 손에 달라붙지만 반죽하다 보면 반죽이 매끈해져 손이나 작업대에 달라붙지 않게 됩니다. 귓불 정도로 부드러워질 때까지 반죽했다면 한 덩어리로 만들어 내열볼에 넣습니다.

* 작업대로 꺼내서 반죽하는 것이 귀찮다면 볼 안에서 반죽해도 됩니다.

Point

실내가 건조하면 반죽이 푸석해질 수 있습니다. 반죽이 딱딱하고 푸석해졌을 때는 부드러워질 때까지 체온 정도의 따뜻한 물을 추가합니다. 반대로 반죽에 수분이 많아서 달라붙을 때는 반죽을 작업대에 내리치면서 반죽하면 반죽의 수분이 날아갑니다. 그래도 끈적거린다면 강력분을 소량 추가해 주세요.

7

철판에 올리고 랩을 씌워서 10분간 둔다

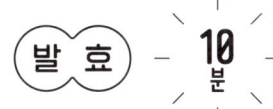

쿠킹 시트를 깐 철판에 반죽을 올리고 랩을 씌워서 10분 정도 두어 발효시킵니다. 실내가 건조할 때는 랩 위에 물기를 꽉 짠 젖은 행주를 올려 두면 좋습니다. 해가 잘 드는 따뜻한 곳에 두거나, 오븐의 발효 기능을 사용해도 좋습니다(40℃, 10~20분). 시간이 있다면 반죽 크기가 두 배가 될 때까지 발효시켜 주세요.

8

180℃ 오븐에서 10~15분간 굽는다

180℃로 예열된 오븐에서 10~15분간 가열합니다. 바로 먹지 않을 경우에는 잔열을 식히고 랩으로 싸서 빵이 마르지 않도록 합니다. 냉동하면 2주 정도 보관 가능합니다.

반죽하는 기본 둥근빵 (플레인) 재료 응용

Working time 5분

통밀 쁘띠빵

먹기 좋은 사이즈로
든든하고 포만감을 줍니다.

박력분빵

박력분만으로 만들어서
입안에서 부드럽게 녹는 식감♬
폭신하고 부드러운 빵입니다.

꽃 모양 변형

호두빵

우유와 버터를 듬뿍 넣어 반죽한
폭신한 빵 속에는
호두가 가득

통밀 쁘띠빵

재료 6개 분량

강력분 … 130g

통밀 가루 … 20g

물 … 60g

우유 … 40g

설탕 … 15g

드라이 이스트 … 3g

탈지분유 … 10g

소금 … 3g

버터(마가린 가능) … 20g

준비

• 버터는 실온에 꺼내 둔다.

• 철판에 쿠킹 시트를 깔아 둔다.

• 오븐을 200°C로 예열한다.

* 만드는 법 7에서 반죽의 발효를 기다리는 동안 예열한다.

만드는 법

1 내열볼에 물, 우유, 설탕을 넣고 전자레인지에서 30초 가열한다.

2 드라이 이스트와 레시피 1/2 분량의 강력분을 넣고, 이스트의 덩어리가 남지 않도록 숟가락으로 잘 섞는다.

3 나머지 강력분, 통밀 가루, 탈지분유, 소금, 버터를 넣고 한 덩어리가 될 때까지 섞는다.

4 작업대로 반죽을 꺼내서 손바닥으로 눌러 가며 반죽한다. 반죽이 작업대에 달라붙지 않고, 버터가 반죽에 스며들어 보이지 않을 때까지 반죽해서 한 덩어리로 뭉친 후 내열볼에 넣는다.

> **Point** 반죽이 끈적거리면 강력분을, 푸석하면 미지근한 물을 더하여 조절해 주세요.

5 전자레인지에서 20초 가열한다.

6 반죽을 6등분해서 둥글린다.

7 준비한 철판에 반죽을 올리고 랩 또는 젖은 행주를 덮은 다음, 따뜻한 장소에서 10분 정도 발효시킨다.

> **Point** 시간이 있다면 반죽 크기가 두 배가 될 때까지 발효시켜 주세요.

8 200°C로 예열된 오븐에서 12~18분간 굽는다.

박력분빵

재료 4개 분량

박력분 … 150g

물 … 80g

설탕 … 15g

드라이 이스트 … 3g

소금 … 3g

기름(기호에 따라) … 20g

준비

• 철판에 쿠킹 시트를 깔아 둔다.

• 오븐을 200°C로 예열한다.

* 만드는 법 7에서 반죽의 발효를 기다리는 동안 예열한다.

만드는 법

1 내열볼에 물, 설탕을 넣고 전자레인지에서 20초 가열한다.

2 드라이 이스트와 레시피 1/2 분량의 박력분을 넣고, 이스트의 덩어리가 남지 않도록 숟가락으로 잘 섞는다.

3 나머지 박력분, 소금, 기름을 넣고 한 덩어리가 될 때까지 섞는다.

4 작업대로 반죽을 꺼내서 손바닥으로 눌러 가며 반죽한다. 반죽이 작업대에 달라붙지 않고, 귓불 정도로 부드럽게 될 때까지 반죽해서 한 덩어리로 뭉친 후 내열볼에 넣는다.

> **Point** 반죽이 끈적거리면 강력분을, 푸석하면 미지근한 물을 더하여 조절해 주세요.

5 전자레인지에서 20초 가열한다.

6 반죽을 4등분해서 둥글린다.

* 꽃 모양 변형: 반죽을 얇게 펼쳐서 한가운데에 적당량의 치즈와 햄을 올리고, 앞에서부터 돌돌 말아 3등분으로 자른 후 단면이 위로 가게 해서 꽃 모양으로 서로 붙인다.

7 준비한 철판에 반죽을 올리고 랩 또는 젖은 행주를 덮은 다음, 따뜻한 장소에서 10분 정도 발효시킨다.

> **Point** 시간이 있다면 반죽 크기가 두 배가 될 때까지 발효시켜 주세요.

8 200°C로 예열된 오븐에서 10~15분간 굽는다.

호두빵

재료 4개 분량

강력분 … 150g

우유 … 90g

설탕 … 20g

드라이 이스트 … 3g

소금 … 2g

버터(마가린 가능) … 20g

호두(구운 것) … 25g

준비

• 버터는 실온에 꺼내 둔다.

• 철판에 쿠킹 시트를 깔아 둔다.

• 오븐을 200°C로 예열한다.

* 만드는 법 7에서 반죽의 발효를 기다리는 동안 예열한다.

만드는 법

1 내열볼에 우유, 설탕을 넣고 전자레인지에서 20초 가열한다.

2 드라이 이스트와 레시피 1/2 분량의 강력분을 넣고, 이스트의 덩어리가 남지 않도록 숟가락으로 잘 섞는다.

3 나머지 강력분, 소금, 버터를 넣고 한 덩어리가 될 때까지 섞는다.

4 작업대로 반죽을 꺼내서 손바닥으로 눌러 가며 반죽한다. 반죽이 작업대에 달라붙지 않고, 버터가 반죽에 스며들어 보이지 않을 때까지 반죽해서 한 덩어리로 뭉친 후 내열볼에 넣는다.

> **Point** 반죽이 끈적거리면 강력분을, 푸석하면 미지근한 물을 더하여 조절해 주세요.

5 전자레인지에서 20초 가열한다.

6 반죽에 호두를 넣고 섞어서 4등분한 후 둥글린다.

7 준비한 철판에 반죽을 올리고 랩 또는 젖은 행주를 덮은 다음, 따뜻한 장소에서 10분 정도 발효시킨다.

> **Point** 시간이 있다면 반죽 크기가 두 배가 될 때까지 발효시켜 주세요.

8 가위로 가장자리에 4~6군데 정도 칼집을 내고, 200°C로 예열된 오븐에서 10~15분간 굽는다.

Working
time
10분

반 죽 하 는

핫도그

폭신하고 바삭하게 구운 코페빵에
소시지를 끼운 핫도그.
취향껏 좋아하는 재료를 넣어 보세요.

강력분 … 150g

물 … 80g

설탕 … 10g

드라이 이스트 … 3g

소금 … 3g

기름(기호에 따라) … 20g

비엔나소시지 … 4개

버터, 토마토케첩 … 적당량

준비

• 철판에 쿠킹 시트를 깔아 둔다.

• 오븐을 200°C로 예열한다.
  * 만드는 법 9에서 반죽의 발효를 기다리는 동안 예열한다.

만드는법

1 내열볼에 물, 설탕을 넣고 전자레인지에서 20초 가열한다.

2 드라이 이스트와 레시피 1/2 분량의 강력분을 넣고, 이스트의 덩어리가 남지 않도록 숟가락으로 잘 섞는다.

3 나머지 강력분, 소금, 기름을 넣고 한 덩어리가 될 때까지 섞는다.

4 작업대로 반죽을 꺼내서 손바닥으로 눌러 가며 반죽한다. 반죽이 작업대에 달라붙지 않고, 귓불 정도로 부드럽게 될 때까지 반죽해서 한 덩어리로 뭉친 후 내열볼에 넣는다.

> **Point** 반죽이 끈적거리면 강력분을, 푸석하면 미지근한 물을 더하여 조절해 주세요.

5 전자레인지에서 20초 가열한다.

6 반죽을 4등분해서 둥글린 후, 손바닥으로 지름 12cm 정도로 눌러서 편다.

7 앞에서부터 한 바퀴 말아 꽉 붙인다. 뒤쪽에서도 한 바퀴 말고 이음새를 꼬집어서 잘 붙인다.

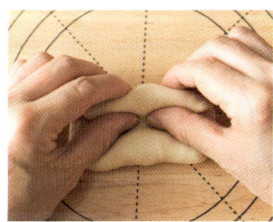

8 반죽의 양 끝을 접어 붙인 다음, 이음매가 아래로 가도록 놓고 살살 굴려서 모양을 다듬는다.

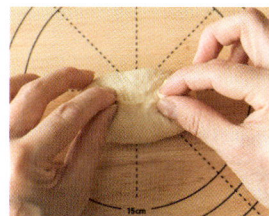

9 준비한 철판에 반죽을 올리고 랩 또는 젖은 행주를 덮은 다음, 따뜻한 장소에서 10분 정도 발효시킨다.

> **Point** 시간이 있다면 반죽 크기가 두 배가 될 때까지 발효시켜 주세요.

10 분무기로 빵에 전체적으로 물을 뿌리고, 200°C로 예열된 오븐에서 12~18분간 굽는다.

> **Point** 분무기로 물을 뿌리면 반죽이 좀 더 바삭하게 완성되지만, 없다면 그냥 구워도 괜찮아요.

11 잔열이 식으면 가운데에 칼집을 넣어 취향껏 버터를 바르고, 익힌 소시지를 끼운 후 토마토케첩을 뿌린다.

▶56~57p '반죽하는 기본 둥근빵·플레인 만드는 법 설명'을 참고해 주세요.

밀크프랑스

빵집에서도 인기 있는 밀크프랑스.
쫄깃한 빵 사이에 은은하게 달콤한 밀크 크림이 가득♪

Working time 10분

재료 4개 분량

[빵 반죽]

강력분 … 160g

박력분 … 40g

물 … 120g

설탕 … 20g

드라이 이스트 … 4g

소금 … 2g

버터(마가린 가능) … 10g

[밀크 크림]

버터(가능하면 무염으로. 마가린
가능) … 60g

설탕 … 30g

연유 … 30g

준비

• 버터는 실온에 꺼내 둔다.

• 철판에 쿠킹 시트를 깔아 둔다.

• 오븐을 200℃로 예열한다.
  * 만드는 법 7에서 반죽의 발효를 기다리는
    동안 예열한다.

만드는법

1 내열볼에 물, 설탕을 넣고 전자
레인지에서 30초 가열한다.

2 드라이 이스트와 강력분 100g
을 넣고, 이스트의 덩어리가 남지
않도록 숟가락으로 잘 섞는다.

3 나머지 강력분, 박력분, 소금, 버
터를 넣고 한 덩어리가 될 때까
지 섞는다.

4 작업대로 반죽을 꺼내서 손바닥
으로 눌러 가며 반죽한다. 반죽
이 작업대에 달라붙지 않고, 버
터가 반죽에 스며들어 보이지
않을 때까지 반죽해서 한 덩어
리로 뭉친 후 내열볼에 넣는다.

> **Point** 반죽이 끈적거리면 강력
> 분을, 푸석하면 미지근
> 한 물을 더하여 조절해 주
> 세요.

5 전자레인지에서 20초 가열한다.

6 반죽을 4등분해서 둥글린 후,
양손으로 굴려 가며 20cm 이상
의 긴 막대 형태로 늘인다.

7 준비한 철판에 반죽을 올리고
랩 또는 젖은 행주를 덮은 다음,
따뜻한 장소에서 10분 정도 발
효시킨다.

> **Point** 시간이 있다면 반죽 크기
> 가 두 배가 될 때까지 발
> 효시켜 주세요.

8 발효되기를 기다리며 밀크 크림
을 만든다. 볼에 밀크 크림 재료
를 넣고 핸드 믹서(또는 거품기)
로 섞는다.

9 200℃로 예열된 오븐에서 10
~15분간 굽는다.

10 잔열이 식으면 가운데에 칼집을
넣고 밀크 크림을 사이에 넣는
다. 또는 짤주머니로 짜 넣는다.

▶56~57p '반죽하는 기본 둥근빵·플레인 만드는 법 설명'을 참고해 주세요.

반죽하는

소금빵

겉은 바삭하고
속은 버터가 가득 퍼지는
풍부한 맛.
정통적인 맛의 소금빵도
이 레시피라면 쉽게 만들 수 있어요.

재료 4개 분량

강력분 ⋯ 150g

우유(또는 물) ⋯ 80g

설탕 ⋯ 20g

드라이 이스트 ⋯ 3g

소금 ⋯ 2g

버터(마가린 가능) ⋯ 20g

바를용 버터(마가린 가능) ⋯ 적당량

암염(또는 소금) ⋯ 약간

준비

• 버터는 실온에 꺼내 둔다.

• 철판에 쿠킹 시트를 깔아 둔다.

• 오븐을 200℃로 예열한다.

* 만드는 법 10에서 반죽의 발효를 기다리는 동안 예열한다.

만드는 법

1 내열볼에 우유, 설탕을 넣고 전자레인지에서 20초 가열한다.

2 드라이 이스트와 레시피 1/2 분량의 강력분을 넣고, 이스트의 덩어리가 남지 않도록 숟가락으로 잘 섞는다.

3 나머지 강력분, 소금, 버터를 넣고 한 덩어리가 될 때까지 섞는다.

4 작업대로 반죽을 꺼내서 손바닥으로 눌러 가며 반죽한다. 반죽이 작업대에 달라붙지 않고, 버터가 반죽에 스며들어 보이지 않을 때까지 반죽해서 한 덩어리로 뭉친 후 내열볼에 넣는다.

Point 반죽이 끈적거리면 강력분을, 푸석하면 미지근한 물을 더하여 조절해 주세요.

5 전자레인지에서 20초 가열한다.

6 반죽을 4등분해서 둥글린 후, 손바닥으로 지름 10cm 정도로 눌러서 편다.

7 반죽이 삼각형이 되도록 중심을 향해서 접는다.

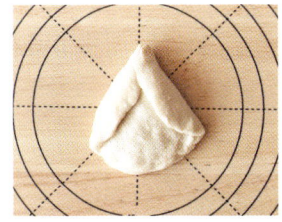

8 손 또는 밀대로 늘린 후, 반죽 전체에 부드럽게 한 바를용 버터를 바른다.

9 앞에서부터 돌돌 말아서 끝부분을 반죽에 잘 눌러 붙인다. 이음매가 아래로 가게 두고, 초승달 모양이 되도록 양 끝의 반죽을 살짝 안으로 구부린다.

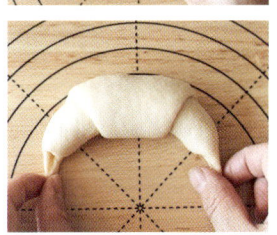

10 준비한 철판에 반죽을 올리고 랩 또는 젖은 행주를 덮은 다음, 따뜻한 장소에서 10분 정도 발효시킨다.

Point 시간이 있다면 반죽 크기가 두 배가 될 때까지 발효시켜 주세요.

11 겉면에 암염을 뿌리고, 200℃로 예열된 오븐에서 15~20분간 굽는다.

반죽하는

버터롤

Working time 10분

보기에는 단순하지만 성형이 어려운 버터롤도
이 레시피라면 짧은 시간에 완성.
폭신하고 쫄깃한 대표적인 식사빵입니다.

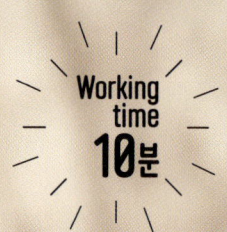

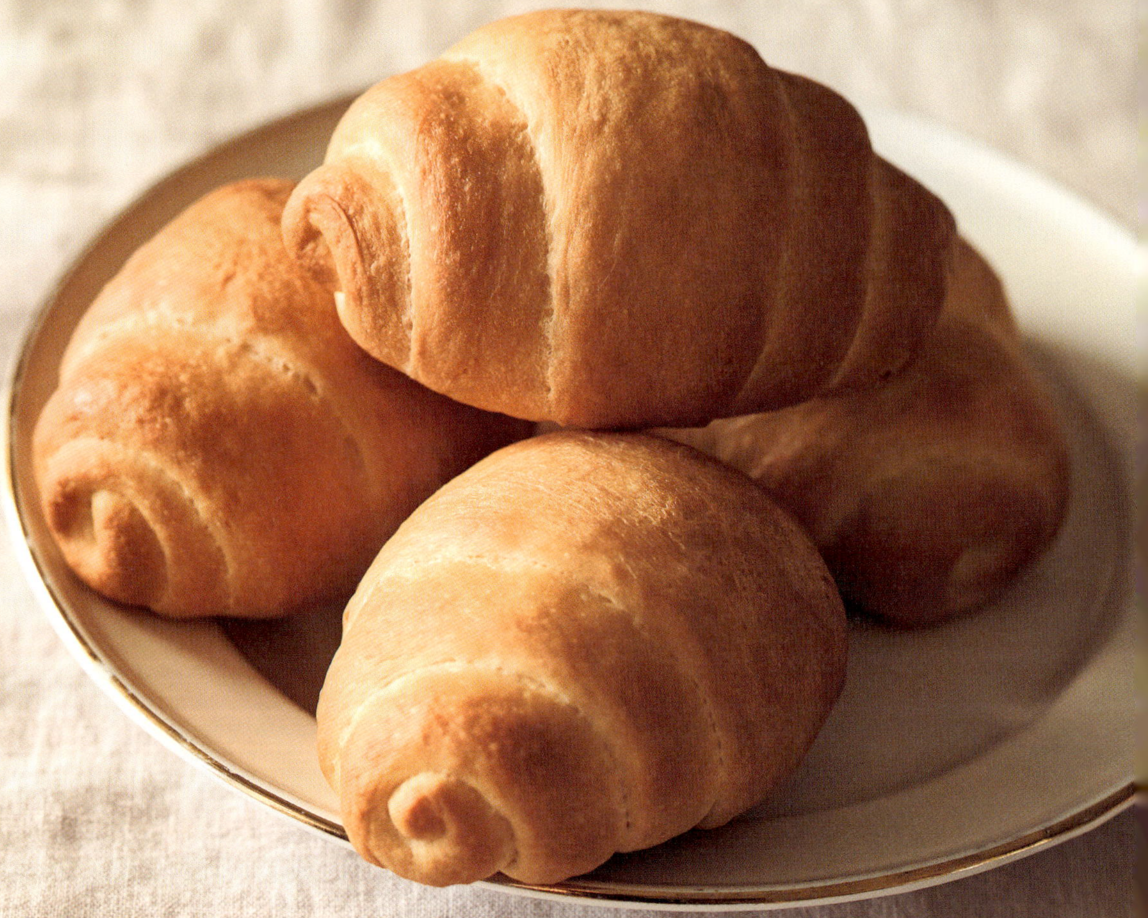

재료 4개 분량

강력분 … 150g

물 … 80g

설탕 … 18g

드라이 이스트 … 3g

소금 … 2g

버터(마가린 가능) … 25g

바를용 버터, 녹인 버터(마가린 가능)
    … 적당량

준비

• 버터는 실온에 꺼내 둔다.

• 철판에 쿠킹 시트를 깔아 둔다.

• 오븐을 200℃로 예열한다.
  * 만드는 법 9에서 반죽의 발효를 기다리는
    동안 예열한다.

만드는법

1 내열볼에 물, 설탕을 넣고 전자
  레인지에서 20초 가열한다.

2 드라이 이스트와 레시피 1/2 분
  량의 강력분을 넣고, 이스트의
  덩어리가 남지 않도록 숟가락으
  로 잘 섞는다.

3 나머지 강력분, 소금, 버터를 넣고
  한 덩어리가 될 때까지 섞는다.

4 작업대로 반죽을 꺼내서 손바닥
  으로 눌러 가며 반죽한다. 반죽
  이 작업대에 달라붙지 않고, 버
  터가 반죽에 스며들어 보이지
  않을 때까지 반죽해서 한 덩어
  리로 뭉친 후 내열볼에 넣는다.

  Point 반죽이 끈적거리면 강력
  분을, 푸석하면 미지근
  한 물을 더하여 조절해 주
  세요.

5 전자레인지에서 20초 가열한다.

6 반죽을 4등분하고 둥글려서 물
  방울 모양으로 만든 후, 양손으
  로 굴려 가며 24cm 이상의 긴
  막대 형태로 늘인다.

7 손 또는 밀대로 30cm 정도 길
  이의 물방울 모양으로 늘린 후,
  반죽 전체에 부드럽게 한 바
  를용 버터를 바른다.

8 앞에서부터 돌돌 말아서 끝부분
  을 반죽에 잘 눌러 붙이고, 이음
  매가 아래로 가게 둔다.

9 준비한 철판에 반죽을 올리고
  랩 또는 젖은 행주를 덮은 다음,
  따뜻한 장소에서 10분 정도 발
  효시킨다.

  Point 시간이 있다면 반죽 크기
  가 두 배가 될 때까지 발
  효시켜 주세요.

10 200℃로 예열된 오븐에서 10~
  15분간 구운 후, 취향껏 녹인 버
  터를 바른다.

▶56~57p '반죽하는 기본 둥근빵·플레인 만드는 법 설명'을 참고해 주세요. **67**

멜론빵

구워 내기까지 30분 만에 가능한
멜론빵을 만들기 위해
여러 번 실패한 끝에 완성했어요.
겉은 바삭, 속은 폭신한
이상적인 멜론빵입니다.

Working
time
10분

재료 4개 분량

빵 반죽

강력분 … 150g
우유 … 90g
설탕 … 20g
드라이 이스트 … 3g
소금 … 2g
버터(마가린 가능) … 25g

쿠키 반죽

버터(마가린 가능) … 25g
달걀물 … 25g
핫케이크 믹스(또는 박력분)
　… 100g
설탕 … 20g
그래뉴당 … 적당량

준비

• 버터는 실온에 꺼내 둔다.

• 철판에 쿠킹 시트를 깔아 둔다.

• 오븐을 200℃로 예열한다.

＊만드는 법 10에서 반죽의 발효를 기다리는
　동안 예열한다.

만드는법

1 쿠키 반죽을 만든다. 비닐백에 버터를 넣고 잘 푼 다음, 달걀물을 넣고 주무른다. 핫케이크 믹스, 설탕도 넣고 잘 주물러서 반죽이 하나로 뭉쳐지면 반죽을 비닐백 끝으로 밀어서 4등분으로 나눈다. 냉장고에서 차갑게 식힌다.

2 빵 반죽을 만든다. 내열볼에 우유, 설탕을 넣고 전자레인지에서 20초 가열한다.

3 드라이 이스트와 레시피 1/2 분량의 강력분을 넣고, 이스트의 덩어리가 남지 않도록 숟가락으로 잘 섞는다.

4 나머지 강력분, 소금, 버터를 넣고 한 덩어리가 될 때까지 섞는다.

5 작업대로 반죽을 꺼내서 손바닥으로 눌러 가며 반죽한다. 반죽이 작업대에 달라붙지 않고, 버터가 반죽에 스며들어 보이지 않을 때까지 반죽해서 한 덩어리로 뭉친 후 내열볼에 넣는다.

> **Point** 반죽이 끈적거리면 강력분을, 푸석하면 미지근한 물을 더하여 조절해 주세요.

6 전자레인지에서 20초 가열한 후, 반죽을 4등분해서 둥글린다.

7 1의 쿠키 반죽도 4등분해서 둥글린 후, 랩 2장 사이에 끼우고 컵의 바닥 등으로 눌러서 평평하게 만든다.

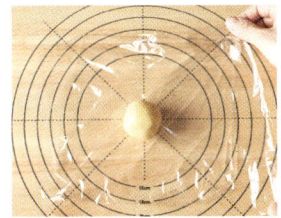

8 6의 빵 반죽 이음매 부분을 잡아서 7의 쿠키 반죽 위에 올린 후(이음매가 쿠키 반죽과 겹치지 않도록 방향을 맞춰서), 쿠키 반죽을 덮는다.

> **Point** 이음매를 쿠키 반죽 쪽으로 두면, 구울 때 빵 반죽이 떨어질 수 있습니다.

9 그래뉴당을 넣은 볼에 쿠키 반죽의 표면을 찍어 설탕을 골고루 묻힌 다음, 둥글게 모양을 다듬는다.

10 표면에 스크래퍼 등으로 격자무늬를 내고, 준비한 철판에 반죽을 올려서 랩 또는 젖은 행주를 덮은 다음, 따뜻한 장소에서 10분 정도 발효시킨다.

> **Point** 시간이 있다면 반죽 크기가 두 배가 될 때까지 발효시켜 주세요.

11 200℃로 예열된 오븐에서 10~15분간 굽는다.

▶56~57p '반죽하는 기본 둥근빵·플레인 만드는 법 설명'을 참고해 주세요.

스위트불

바삭한 겉면과 폭신한 반죽이 맛있는 스위트불도
먹고 싶을 때 바로 만들 수 있습니다.

Working time 10분

재료 4개 분량

빵 반죽

강력분 ··· 150g

우유(또는 물) ··· 80g

설탕 ··· 25g

드라이 이스트 ··· 3g

소금 ··· 2g

버터 ··· 25g

파운드 반죽

버터 ··· 40g

달걀물 ··· 40g

박력분(또는 핫케이크 믹스)
··· 40g

설탕 ··· 40g

준비

• 버터는 실온에 꺼내 둔다.

• 철판에 쿠킹 시트를 깔아 둔다(컵을
사용하는 경우에는 생략 가능).

• 오븐을 180℃로 예열한다.

  *만드는 법 7에서 반죽의 발효를 기다리는
  동안 예열한다.

만드는 법

1 내열볼에 우유, 설탕을 넣고 전
자레인지에서 20초 가열한다.

2 드라이 이스트와 레시피 1/2 분
량의 강력분을 넣고, 이스트의
덩어리가 남지 않도록 숟가락으
로 잘 섞는다.

3 나머지 강력분, 소금, 버터를 넣
고 한 덩어리가 될 때까지 섞는
다.

4 작업대로 반죽을 꺼내서 손바닥
으로 눌러 가며 반죽한다. 반죽
이 작업대에 달라붙지 않고, 버
터가 반죽에 스며들어 보이지
않을 때까지 반죽해서 한 덩어
리로 뭉친 후 내열볼에 넣는다.

> **Point** 반죽이 끈적거리면 강력
> 분을, 푸석하면 미지근
> 한 물을 더하여 조절해 주
> 세요.

5 전자레인지에서 20초 가열한다.

6 반죽을 4등분해서 둥글린 후,
마들렌 컵 등에 넣는다.

> **Point** 사진에서는 반죽이 퍼지
> 기 때문에 컵을 사용했으
> 나(지름 75mm의 마들
> 렌 컵), 컵을 사용하지 않
> 아도 구울 수 있습니다.

7 준비한 철판에 반죽을 올리고
랩 또는 젖은 행주를 덮은 다음,
따뜻한 장소에서 10분 정도 발
효시킨다.

> **Point** 시간이 있다면 반죽 크기
> 가 두 배가 될 때까지 발
> 효시켜 주세요.

8 파운드 반죽을 만든다. 지퍼백
(또는 비닐백)에 버터를 넣고 잘
푼 다음, 달걀물을 넣고 주무른
다. 박력분(또는 핫케이크 믹
스), 설탕도 넣고 잘 주물러서 반
죽이 한 덩어리가 되면 지퍼백
의 한쪽 끝을 가위로 잘라 발효
가 끝난 7의 반죽 위에 짠다.

9 180℃로 예열된 오븐에서 15~
20분간 굽는다.

▶56~57p '반죽하는 기본 둥근빵·플레인 만드는 법 설명'을 참고해 주세요.

반죽하는

베이컨에삐

겉은 바삭하고 속은 쫄깃한 식감의 빵과 육즙 가득한 베이컨이 잘 어울려요.
겉은 화려해 보이지만 의외로 간단히 성형할 수 있답니다.

재료 4개 분량

강력분 … 160g

박력분 … 40g

물 … 100g

설탕 … 15g

드라이 이스트 … 3g

소금 … 3g

올리브유(샐러드유 가능) … 15g

베이컨 … 4장

슬라이스 치즈 … 4장

마요네즈, 머스터드 … 적당량

준비

• 철판에 쿠킹 시트를 깔아 둔다.

• 오븐을 210℃로 예열한다.

 * 만드는 법 9에서 반죽의 발효를 기다리는
   동안 예열한다.

만드는법

1 내열볼에 물, 설탕을 넣고 전자
레인지에서 20초 가열한다.

2 드라이 이스트와 강력분 100g
을 넣고, 이스트의 덩어리가 남지
않도록 숟가락으로 잘 섞는다.

3 나머지 강력분, 박력분, 소금, 올
리브유를 넣고 한 덩어리가 될
때까지 섞는다.

4 작업대로 반죽을 꺼내서 손바닥
으로 눌러 가며 반죽한다. 반죽
이 작업대에 달라붙지 않고, 귓
불 정도로 부드럽게 될 때까지
반죽해서 한 덩어리로 뭉친 후
내열볼에 넣는다.

> **Point** 반죽이 끈적거리면 강력
> 분을, 푸석하면 미지근
> 한 물을 더하여 조절해 주
> 세요.

5 전자레인지에서 20초 가열한다.

6 반죽을 4등분해서 둥글린 후,
손이나 밀대로 세로 20cm×가
로 5cm 정도의 타원형으로 밀
어 편 다음, 베이컨과 반으로 접
은 슬라이스 치즈를 올리고 취
향에 따라 마요네즈와 머스터드
를 뿌린다.

7 돌돌 만 다음 끝부분을 꼬집어
서 반죽에 잘 이어 붙인다. 가볍
게 굴러서 모양을 다듬는다.

8 준비한 철판에 이음매가 아래로
가도록 올린다. 가위로 깊숙이
칼집을 낸 후 반죽을 좌우 교차
하며 어긋나게 펼친다.

9 랩 또는 젖은 행주를 덮은 다음,
따뜻한 장소에서 10분 정도 발
효시킨다.

> **Point** 시간이 있다면 반죽 크기
> 가 두 배가 될 때까지 발
> 효시켜 주세요.

10 분무기로 빵에 전체적으로 물을
뿌리고, 210℃로 예열된 오븐
에서 10~15분간 굽는다.

> **Point** 분무기로 물을 뿌리면 반
> 죽이 좀 더 바삭하게 완성
> 되지만, 없다면 그냥 구워
> 도 괜찮아요.

▶56~57p '반죽하는 기본 둥근빵·플레인 만드는 법 설명'을 참고해 주세요. 73

반죽하는

파니니

Working time 10분

갓 구운 파니니는 겉은 바삭하고 속은 쫄깃하며 안에 치즈가 사르르~
속 재료를 바꾸면 다양한 맛으로의 변형도 가능합니다.

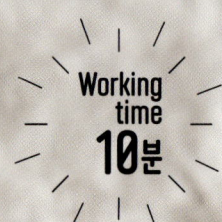

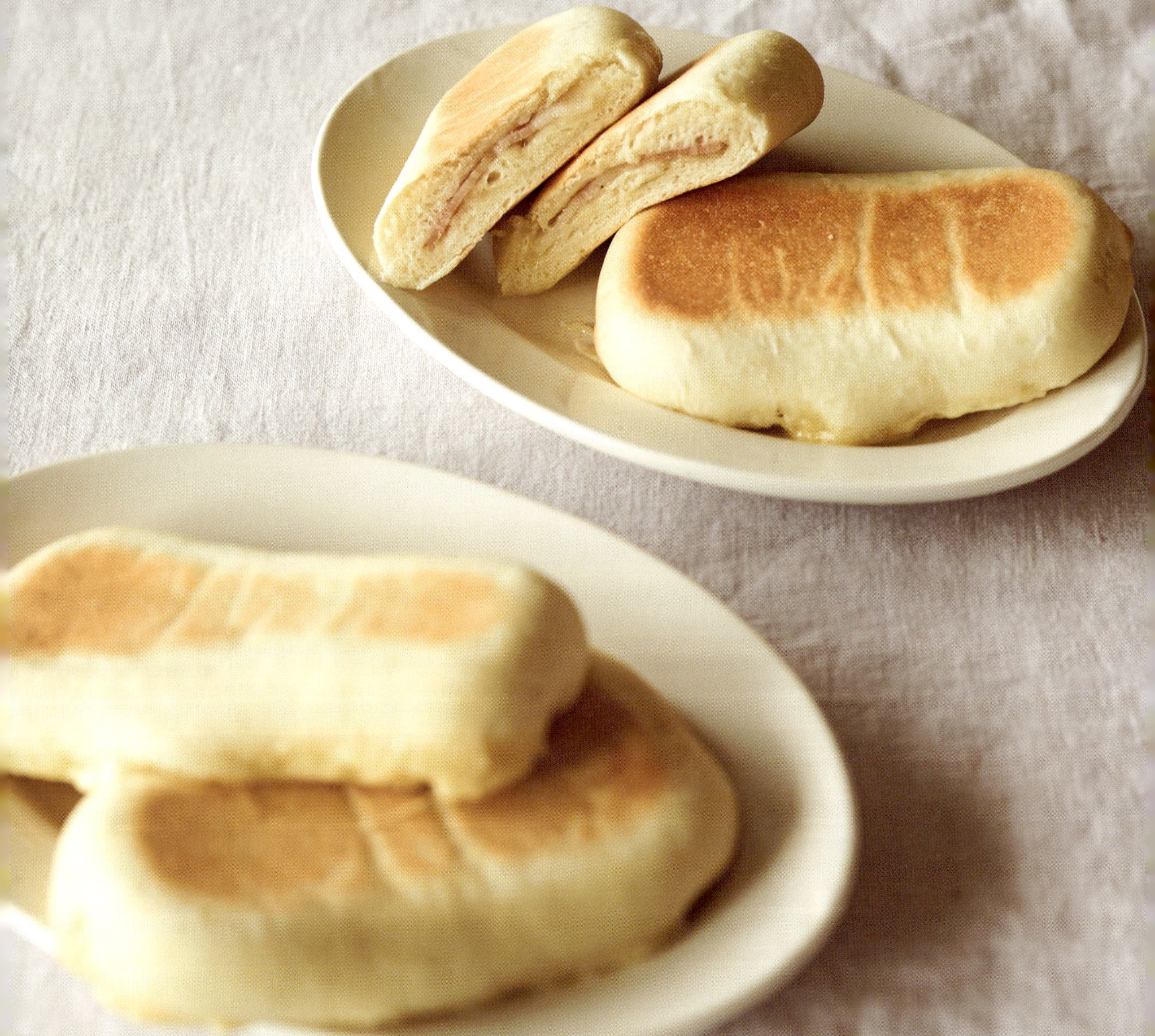

재료 6개 분량

강력분 … 140g

박력분 … 60g

우유 … 70g

물 … 50g

설탕 … 10g

드라이 이스트 … 3g

소금 … 3g

올리브유(샐러드유 가능) … 20g

작은 사이즈의 베이컨 … 6장

피자치즈 … 적당량

준비

• 철판에 쿠킹 시트를 깔아 둔다.

• 오븐을 180°C로 예열한다.
  * 굽기 10분 정도 전부터 예열한다.

만드는법

1 내열볼에 우유, 물, 설탕을 넣고 전자레인지에서 30초 가열한다.

2 드라이 이스트와 강력분 100g을 넣고, 이스트의 덩어리가 남지 않도록 숟가락으로 잘 섞는다.

3 나머지 강력분, 박력분, 소금, 올리브유를 넣고 한 덩어리가 될 때까지 섞는다.

4 작업대로 반죽을 꺼내서 손바닥으로 눌러 가며 반죽한다. 반죽이 작업대에 달라붙지 않고, 귓불 정도로 부드럽게 될 때까지 반죽해서 한 덩어리로 뭉친 후 내열볼에 넣는다.

Point 반죽이 끈적거리면 강력분을, 푸석하면 미지근한 물을 더하여 조절해 주세요.

5 전자레인지에서 20초 가열한다.

6 반죽을 6등분해서 둥글린 후, 손이나 밀대로 베이컨 크기에 맞춰서 사각형으로 늘리고 베이컨과 치즈를 올린다.

7 위아래를 접고 속 재료를 감싸듯이 양옆도 접은 다음, 이음매를 꼬집어 잘 이어 붙이고 이음매가 아래로 가게 둔다.

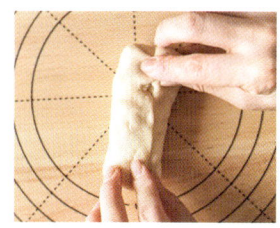

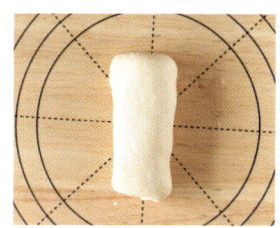

8 준비한 철판에 반죽을 올리고, 반죽 위에 쿠킹 시트를 덮은 다음 다른 철판을 겹쳐서 덮는다.

9 180°C로 예열된 오븐에서 15~20분간 굽는다.

Memo 철판 2장이 없다면 프라이팬으로 구워도 됩니다. 뒤집개로 눌러 가며 양면이 노릇노릇해질 때까지 구우면 OK.

▶56~57p '반죽하는 기본 둥근빵·플레인 만드는 법 설명'을 참고해 주세요.

반 죽 하 는

카레빵

겉은 바삭바삭, 속은 촉촉한 카레빵도
간단히 만들 수 있지만
시판용 빵 못지않게 맛있습니다.
좋아하는 카레로 꼭 만들어 보세요.

재 료 4개 분량

강력분 … 150g

물 … 90g

설탕 … 15g

드라이 이스트 … 3g

소금 … 3g

올리브유(샐러드유 가능) … 15g

카레(기호에 따라) … 200g 정도

달걀물 … 달걀 1개 분량

빵가루, 기름 … 적당량

준 비

• 내열 용기에 키친타월을 깔고, 그 위에 카레를 올려서 랩을 씌우지 않고 전자레인지에서 5~6분 가열하여 수분을 날린다.

만 드 는 법

1 내열볼에 물, 설탕을 넣고 전자레인지에서 20초 가열한다.

2 드라이 이스트와 레시피 1/2 분량의 강력분을 넣고, 이스트의 덩어리가 남지 않도록 숟가락으로 잘 섞는다.

3 나머지 강력분, 소금, 올리브유를 넣고 한 덩어리가 될 때까지 섞는다.

4 작업대로 반죽을 꺼내서 손바닥으로 눌러 가며 반죽한다. 반죽이 작업대에 달라붙지 않고, 귓불 정도로 부드럽게 될 때까지 반죽해서 한 덩어리로 뭉친 후 내열볼에 넣는다.

Point 반죽이 끈적거리면 강력분을, 푸석하면 미지근한 물을 더하여 조절해 주세요.

5 전자레인지에서 20초 가열한다.

6 반죽을 4등분해서 둥글린 후, 손이나 밀대로 얇게 늘리고 카레를 적당량 올린다.

7 카레를 감싸듯 반죽을 반으로 접고, 가장자리를 꽉 눌러서 이음매를 단단히 붙인다.

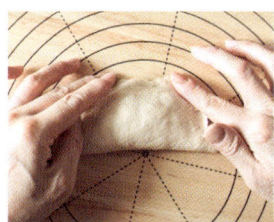

8 반죽에 달걀물을 골고루 묻히고, 빵가루를 입힌다.

9 170°C로 달군 기름에 노릇노릇하게 튀긴다.

▶56~57p '반죽하는 기본 둥근빵·플레인 만드는 법 설명'을 참고해 주세요. **77**

크림빵

전자레인지로 간단하게 커스터드 크림을 만들어
폭신하고 쫄깃한 빵에 넣었습니다.
차갑게 해서 먹으면 맛있어요!

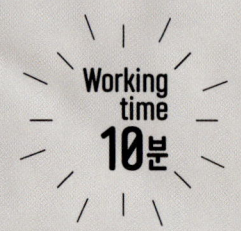

Working
time
10분

재료 4개 분량

┌─ 빵 반죽 ─┐

강력분 … 150g

우유(또는 물) … 80g

설탕 … 25g

드라이 이스트 … 3g

소금 … 2g

버터(마가린 가능) … 25g

┌─ 커스터드 크림 ─┐

달걀 … 1개

설탕 … 30g

박력분(또는 핫케이크 믹스) … 15g

우유 … 100g

바닐라에센스(있을 경우) … 10방울

준비

• 버터는 실온에 꺼내 둔다.

• 필요하다면 철판에 쿠킹 시트를 깔
아 둔다(마들렌 컵을 사용할 경우에
는 생략 가능).

• 오븐을 200℃로 예열한다.

＊만드는 법 10에서 반죽의 발효를 기다리는
동안 예열한다.

만드는법

1 커스터드 크림을 만든다. 내열볼에 달걀, 설탕, 박력분을 넣고 거품기로 잘 섞은 다음, 우유를 조금씩 넣는다. 전자레인지에서 1분 30초 가열해서 잘 섞은 후, 걸쭉해질 때까지 30초씩 추가로 가열한다. 마무리로 바닐라 에센스를 넣고 잘 섞는다.

2 빵 반죽을 만든다. 내열볼에 우유, 설탕을 넣고 전자레인지에서 20초 가열한다.

3 드라이 이스트와 레시피 1/2 분량의 강력분을 넣고, 이스트의 덩어리가 남지 않도록 숟가락으로 잘 섞는다.

4 나머지 강력분, 소금, 버터를 넣고 한 덩어리가 될 때까지 섞는다.

5 작업대로 반죽을 꺼내서 손바닥으로 눌러 가며 반죽한다. 반죽이 작업대에 달라붙지 않고, 버터가 반죽에 스며들어 보이지 않을 때까지 반죽해서 한 덩어리로 뭉친 후 내열볼에 넣는다.

> **Point** 반죽이 끈적거리면 강력분을, 푸석하면 미지근한 물을 더하여 조절해 주세요.

6 전자레인지에서 20초 가열한다.

7 반죽을 4등분해서 둥글린 후, 손이나 밀대로 얇게 늘리고 1의 커스터드 크림을 적당량 올린다.

8 크림을 감싸듯 반죽의 위아래 끝을 가운데로 모아 붙인 다음, 양옆 끝도 마찬가지로 모아서 이음매를 단단히 붙인다.

9 둥글게 모양을 다듬어 이음매가 아래로 가게 두고, 원하면 마들렌 컵 등에 넣는다.

10 준비한 철판에 반죽을 올리고 랩 또는 젖은 행주를 덮은 다음, 따뜻한 장소에서 10분 정도 발효시킨다.

> **Point** 시간이 있다면 반죽 크기가 두 배가 될 때까지 발효시켜 주세요.

11 취향에 따라 반죽 표면에 차 거름망으로 강력분(분량 외)을 뿌리고, 200℃로 예열된 오븐에서 10~15분간 굽는다.

▶56~57p '반죽하는 기본 둥근빵·플레인 만드는 법 설명'을 참고해 주세요.

단팥빵

달걀이 들어간 리치한 빵에
단팥을 듬뿍 넣은 고급스러운 빵입니다.

하얀 사과빵

폭신한 하얀 빵 안에
사과조림과 크림치즈가 듬뿍♬

감자빵

감자와 베이컨을 넣은 폭신하고 쫄깃한 빵은
바쁜 아침에 식사로도 좋습니다.

Working
time
10분

단팥빵

재료 4개 분량

강력분 ··· 150g
물 ··· 50g
설탕 ··· 25g
드라이 이스트 ··· 3g
소금 ··· 2g
버터(마가린 가능) ··· 20g
달걀물 ··· 30g
단팥 ··· 적당량
달걀물(윤기 내기용) ··· 적당량
양귀비씨(참깨 가능) ··· 적당량

준비

• 버터는 실온에 꺼내 둔다.

• 철판에 쿠킹 시트를 깔아 둔다.

• 오븐을 200°C로 예열한다.
  * 만드는 법 8에서 반죽의 발효를 기다리
  는 동안 예열한다.

만드는법

1 내열볼에 물, 설탕을 넣고 전자레인
지에서 20초 가열한다.

2 드라이 이스트와 강력분 50g을 넣
고, 이스트의 덩어리가 남지 않도록
숟가락으로 잘 섞는다.

3 나머지 강력분, 소금, 버터, 달걀물을
넣고 한 덩어리가 될 때까지 섞는다.

4 작업대로 반죽을 꺼내서 손바닥으로
눌러 가며 반죽한다. 반죽이 작업대
에 달라붙지 않고, 버터가 반죽에 스
며들어 보이지 않을 때까지 반죽해서
한 덩어리로 뭉친 후 내열볼에 넣
는다.

> **Point** 반죽이 끈적거리면 강력분
> 을, 푸석하면 미지근한 물
> 을 더하여 조절해 주세요.

5 전자레인지에서 20초 가열한다.

6 반죽을 4등분해서 둥글린 후, 손이나
밀대로 얇게 늘리고 단팥을 올린다.

7 단팥을 감싸듯 반죽의 위아래 끝을
가운데로 모아 붙인 다음, 양옆 끝도
마찬가지로 모아서 이음매를 단단히
붙인 후 둥글게 모양을 다듬는다.

8 준비한 철판에 반죽을 올리고 랩 또
는 젖은 행주를 덮은 다음, 따뜻한 장
소에서 10분 정도 발효시킨다.

> **Point** 시간이 있다면 반죽 크기가
> 두 배가 될 때까지 발효시
> 켜 주세요.

9 반죽 표면에 윤기 내기용 달걀물을
바르고 취향에 따라 양귀비씨를 올린
후, 200°C로 예열된 오븐에서 10~
15분간 굽는다.

하얀 사과빵

재료 4개 분량

(빵 반죽)

강력분 ··· 150g
물 ··· 90g
설탕 ··· 25g
드라이 이스트 ··· 3g
소금 ··· 2g
버터(마가린 가능) ··· 20g

(사과조림)

사과 ··· 1/2개
버터(마가린 가능) ··· 10g
설탕 ··· 2큰술

(필링)

크림치즈 ··· 40g 정도

준비

• 빵 반죽용 버터는 실온에 꺼내 둔다.

• 철판에 쿠킹 시트를 깔아 둔다.

• 오븐을 150°C로 예열한다.
  * 만드는 법 9에서 반죽의 발효를 기다리는
  동안 예열한다.

만드는법

1 사과조림을 만든다. 프라이팬에
버터를 가열해서 녹인 후, 깍둑썰
기 한 사과와 설탕을 넣고 전체적
으로 숨이 죽어 부드러워질 때까
지 조린다.

2 빵 반죽을 만든다. 내열볼에 물, 설
탕을 넣고 전자레인지에서 20초
가열한다.

3 드라이 이스트와 레시피 1/2 분량
의 강력분을 넣고, 이스트의 덩어
리가 남지 않도록 숟가락으로 잘
섞는다.

4 나머지 강력분, 소금, 버터를 넣고 한 덩어리가 될 때까지 섞는다.

5 작업대로 반죽을 꺼내서 손바닥으로 눌러 가며 반죽한다. 반죽이 작업대에 달라붙지 않고, 버터가 반죽에 스며들어 보이지 않을 때까지 반죽해서 한 덩어리로 뭉친 후 내열볼에 넣는다.

> **Point** 반죽이 끈적거리면 강력분을, 푸석하면 미지근한 물을 더하여 조절해 주세요.

6 전자레인지에서 20초 가열한다.

7 반죽을 4등분해서 둥글린 후, 손이나 밀대로 얇게 늘리고 1의 사과조림과 크림치즈를 적당량 올린다.

8 재료를 감싸듯 반죽의 위아래 끝을 가운데로 모아 붙인 다음, 양옆 끝도 마찬가지로 모아 붙인다. 둥글게 모양을 다듬고 컵케이크 틀 등에 이음매가 아래로 가도록 넣는다.

> **Point** 사진에서는 속 재료가 새는 것을 막기 위해 틀을 사용했으나(지름 89mm의 컵케이크 틀), 틀을 사용하지 않아도 구울 수 있습니다.

9 준비한 철판에 반죽을 올리고 랩 또는 젖은 행주를 덮은 다음, 따뜻한 장소에서 10분 정도 발효시킨다.

> **Point** 시간이 있다면 반죽 크기가 두 배가 될 때까지 발효시켜 주세요.

10 취향에 따라 반죽 표면에 차 거름망으로 강력분(분량 외)을 뿌리고, 150°C로 예열된 오븐에서 15~20분간 굽는다.

반죽하는
감자빵

재료 4개 분량

빵 반죽

강력분 … 150g
물 … 90g
설탕 … 15g
드라이 이스트 … 3g
소금 … 2g
버터(마가린 가능) … 20g

베이컨 감자

감자 … 1개
베이컨 … 2장
콩소메 … 2/3작은술
버터(마가린 가능) … 10g
소금, 후추 … 약간

토핑

마요네즈, 치즈 … 적당량
파슬리 … 적당량

준비

• 빵 반죽용 버터는 실온에 꺼내 둔다.

• 철판에 쿠킹 시트를 깔아 둔다.

• 오븐을 200°C로 예열한다.
　*만드는 법 9에서 반죽의 발효를 기다리는 동안 예열한다.

만드는법

1 베이컨 감자를 만든다. 내열 접시에 깍둑썰기 한 감자, 1cm 크기의 사각으로 자른 베이컨, 버터를 넣고 랩을 씌운 뒤 전자레인지에서 4분 30초 가열한다. 뜨거울 때 콩소메를 넣고 잘 섞은 후 맛을 보고 소금, 후추로 간한다.

2 빵 반죽을 만든다. 내열볼에 물, 설탕을 넣고 전자레인지에서 20초 가열한다.

---

3 드라이 이스트와 레시피 1/2 분량의 강력분을 넣고, 이스트의 덩어리가 남지 않도록 숟가락으로 잘 섞는다.

4 나머지 강력분, 소금, 버터를 넣고 한 덩어리가 될 때까지 섞는다.

5 작업대로 반죽을 꺼내서 손바닥으로 눌러 가며 반죽한다. 반죽이 작업대에 달라붙지 않고, 버터가 반죽에 스며들어 보이지 않을 때까지 반죽해서 한 덩어리로 뭉친 후 내열볼에 넣는다.

> **Point** 반죽이 끈적거리면 강력분을, 푸석하면 미지근한 물을 더하여 조절해 주세요.

6 전자레인지에서 20초 가열한다.

7 반죽을 4등분해서 둥글린 후, 손이나 밀대로 얇게 늘리고 1의 베이컨 감자를 적당량 올린다.

8 베이컨 감자를 감싸듯 반죽의 위아래 끝을 가운데로 모아 붙인 다음, 양옆 끝도 마찬가지로 모아 붙여서 둥글게 모양을 다듬는다.

9 준비한 철판에 반죽을 올리고 랩 또는 젖은 행주를 덮은 다음, 따뜻한 장소에서 10분 정도 발효시킨다.

> **Point** 시간이 있다면 반죽 크기가 두 배가 될 때까지 발효시켜 주세요.

10 가위로 반죽 겉면에 십자 모양 칼집을 넣고, 칼집에 마요네즈와 치즈를 올려서 200°C로 예열된 오븐에서 10~15분간 굽는다. 취향껏 다진 파슬리를 뿌린다.

▶56~57p '반죽하는 기본 둥근빵·플레인 만드는 법 설명'을 참고해 주세요.

콩가루 트위스트

폭신하게 입에서 녹아내리는 빵과 버터,
콩가루의 궁합이 최고입니다.
한 입 먹으면 입안 가득히
콩가루가 퍼져 나가요.

Working
time
10분

재료 6개 분량

빵 반죽

강력분 … 150g
박력분 … 30g
콩가루 … 20g
우유 … 60g
물 … 60g
설탕 … 20g
드라이 이스트 … 3g
소금 … 3g
버터(마가린 가능) … 25g

마무리

녹인 버터(마가린 가능) … 적당량
콩가루 … 5g
설탕 … 2작은술
소금 … 한 꼬집

만드는 법

1 내열볼에 우유, 물, 설탕을 넣고 전자레인지에서 30초 가열한다.

2 드라이 이스트와 강력분 100g을 넣고, 이스트의 덩어리가 남지 않도록 숟가락으로 잘 섞는다.

3 나머지 강력분, 박력분, 콩가루, 소금, 버터를 넣고 한 덩어리가 될 때까지 섞는다.

4 작업대로 반죽을 꺼내서 손바닥으로 눌러 가며 반죽한다. 반죽이 작업대에 달라붙지 않고, 버터가 반죽에 스며들어 보이지 않을 때까지 반죽해서 한 덩어리로 뭉친 후 내열볼에 넣는다.

> **Point** 반죽이 끈적거리면 강력분을, 푸석하면 미지근한 물을 더하여 조절해 주세요.

5 전자레인지에서 20초 가열한다.

6 반죽을 6등분한 다음, 각각 3등분한다. 양손으로 굴려 가며 20cm 이상의 긴 막대 모양으로 늘인다.

7 반죽 3개로 세 가닥 땋기를 한다. 한쪽 끝을 붙여서 땋고, 땋은 끝부분도 손가락으로 집어서 단단하게 붙인다.

8 준비한 철판에 반죽을 올리고 랩 또는 젖은 행주를 덮은 다음, 따뜻한 장소에서 10분 정도 발효시킨다.

> **Point** 시간이 있다면 반죽 크기가 두 배가 될 때까지 발효시켜 주세요.

9 180°C로 예열된 오븐에서 12~18분간 굽는다.

10 녹인 버터를 바르고, 섞어 놓은 콩가루, 설탕, 소금을 전체적으로 골고루 뿌린다.

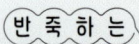

반죽하는

비엔나소시지빵

Working time 10분

바질 향과 육즙 가득한 소시지의 궁합이 환상적입니다.
탕종으로 반죽해서 평소보다 더욱 폭신하고 쫄깃해요.
꼭 한번 만들어 보시길 추천드려요.

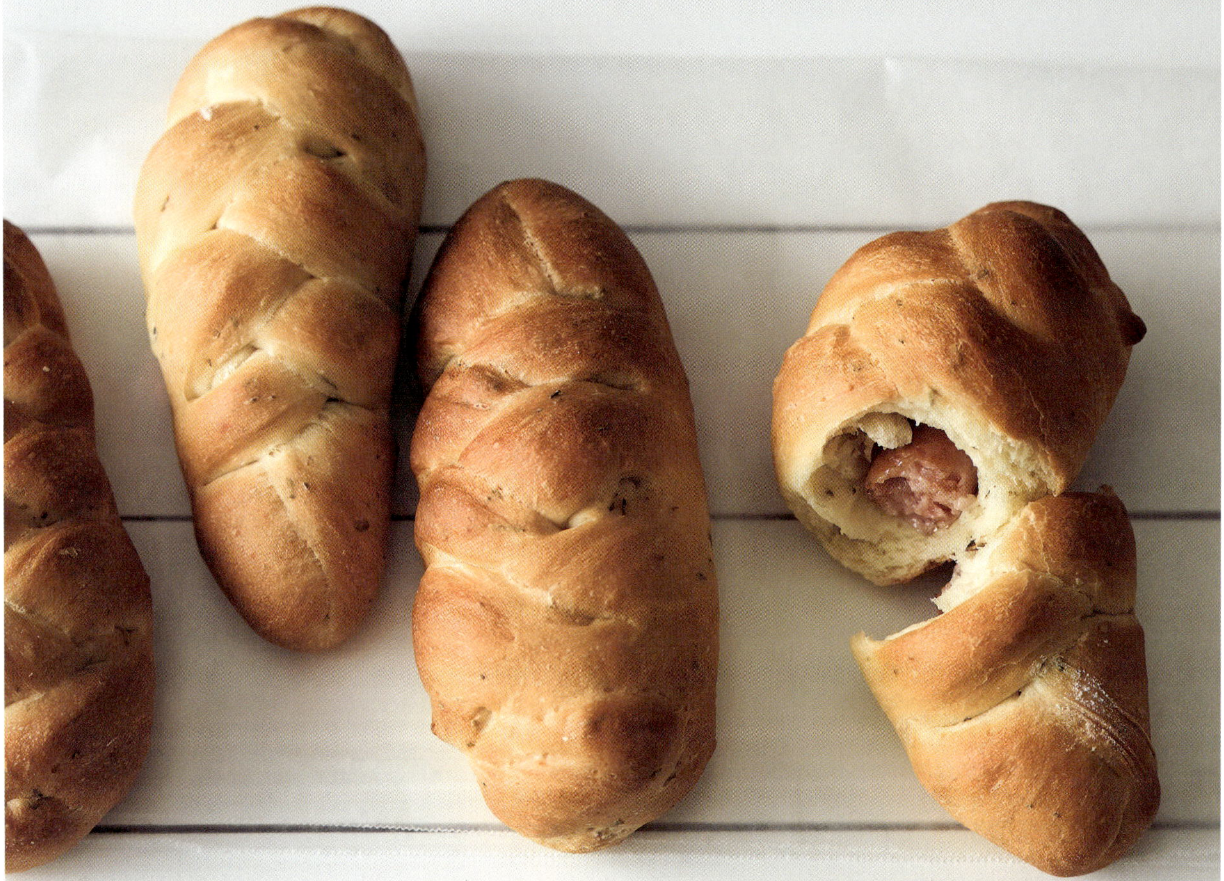

재료 6개 분량

탕종 반죽

- 강력분 … 50g
- 뜨거운 물(90℃ 이상) … 40g

빵 반죽

- 강력분 … 150g
- 물 … 50g
- 설탕 … 18g
- 드라이 이스트 … 4g
- 소금 … 3g
- 버터(마가린 가능) … 25g
- 달걀물 … 30g
- 바질(말린 것) … 1작은술
- 비엔나소시지 … 6개
- 달걀물(윤기 내기용) … 적당량

- 버터는 실온에 꺼내 둔다.

- 철판에 쿠킹 시트를 깔아 둔다.

- 오븐을 200℃로 예열한다.
  * 만드는 법 10에서 반죽의 발효를 기다리는 동안 예열한다.

만드는법

1 탕종 반죽을 만든다. 볼에 강력 분과 뜨거운 물을 넣고 한 덩어 리가 될 때까지 잘 섞는다. 랩을 덮어서 실온에 둔다.

2 내열볼에 물, 설탕을 넣고 전자 레인지에서 20초 가열한다.

3 드라이 이스트와 강력분 50g을 넣고, 이스트의 덩어리가 남지 않도록 숟가락으로 잘 섞는다.

4 나머지 강력분, 소금, 버터, 달걀 물, 바질을 넣고 한 덩어리가 될 때까지 섞는다.

5 작업대로 반죽을 꺼내서 손바닥 으로 눌러 가며 반죽한다. 반죽 이 작업대에 달라붙지 않고, 버 터가 반죽에 스며들어 보이지 않을 때까지 반죽해서 한 덩어 리로 뭉친 후 내열볼에 넣는다.

6 5의 반죽에 1의 탕종 반죽을 넣 고 같이 반죽한다. 반죽에 탄력 이 생기고 매끈해지면 한 덩어리 로 만들어서 내열볼에 넣는다.

Point 반죽이 끈적거리면 강력 분을, 푸석하면 미지근 한 물을 더하여 조절해 주 세요.

7 전자레인지에서 20초 가열한다.

8 반죽을 6등분해서 손이나 밀대 로 지름 12cm 정도로 눌러 펴 고, 가운데에 소시지를 올린다. 양쪽에 각각 4개 정도 비스듬히 칼집을 낸 후, 소시지를 덮듯이 반죽의 윗부분을 좌우로 접는다.

9 위에서부터 순서대로 좌우 교차 해 가며 땋고, 땋은 끝부분을 잘 집어서 단단하게 붙인다.

10 준비한 철판에 반죽을 올리고 랩 또는 젖은 행주를 덮은 다음, 따뜻한 장소에서 10분 정도 발 효시킨다.

Point 시간이 있다면 반죽 크기 가 두 배가 될 때까지 발 효시켜 주세요.

11 반죽의 표면에 윤기 내기용 달 걀물을 바르고, 200℃로 예열 된 오븐에서 10~15분간 굽는다.

▶56~57p '반죽하는 기본 둥근빵·플레인 만드는 법 설명'을 참고해 주세요.

건포도식빵

파운드 틀을 사용한 미니 건포도식빵.
생크림을 넣은 리치한 빵이 촉촉하고 폭신해요!

Working time 10분

재료 18cm 파운드 틀 1개 분량

강력분 … 200g

우유 … 60g

생크림 … 40g

물 … 30g

설탕 … 35g

드라이 이스트 … 4g

소금 … 2g

버터(마가린 가능) … 20g

건포도 … 적당량

준비

• 건포도는 뜨거운 물로 살짝 씻은 뒤, 뜨거운 물에 15분간 담갔다 꺼내어 키친타월로 물기를 제거해 둔다.

• 버터는 실온에 꺼내 둔다.

• 파운드 틀에 쿠킹 시트를 깔아 둔다.

• 오븐을 200℃로 예열한다.

＊만드는 법 6에서 반죽의 발효를 기다리는 동안 예열한다.

만드는법

1 내열볼에 우유, 생크림, 물, 설탕을 넣고 전자레인지에서 30초 가열한다.

2 드라이 이스트와 레시피 1/2 분량의 강력분을 넣고, 이스트의 덩어리가 남지 않도록 숟가락으로 잘 섞는다.

3 나머지 강력분, 소금, 버터를 넣고 한 덩어리가 될 때까지 섞는다.

4 작업대로 반죽을 꺼내서 손바닥으로 눌러 가며 반죽한다. 반죽이 작업대에 달라붙지 않고, 버터가 반죽에 스며들어 보이지 않을 때까지 반죽한 후 준비된 건포도를 넣고 섞는다. 한 덩어리로 뭉친 후 내열볼에 넣는다.

> **Point** 반죽이 끈적거리면 강력분을, 푸석하면 미지근한 물을 더하여 조절해 주세요.

5 전자레인지에서 20초 가열한다.

6 반죽을 4등분해서 둥글린 후, 준비한 파운드 틀에 넣고 랩 또는 젖은 행주를 덮은 다음, 따뜻한 장소에서 10분 정도 발효시킨다.

> **Point** 시간이 있다면 반죽 크기가 두 배가 될 때까지 발효시켜 주세요.

7 200℃로 예열된 오븐에서 20~25분간 굽는다.

▶56~57p '반죽하는 기본 둥근빵·플레인 만드는 법 설명'을 참고해 주세요.

밤에 반죽해서 아침에 굽는 벌꿀식빵

Working
time
10분

미리 만들어 두는 버전입니다. 밤에 반죽해서 냉장고에서 발효시킨 후
아침에 굽기만 하면 갓 구운 빵을 맛볼 수 있습니다.

재료 18cm 파운드 틀 1개 분량

강력분 … 200g

우유 … 50g

생크림 … 50g

물 … 20g

설탕 … 20g

드라이 이스트 … 2g

벌꿀 … 40g

소금 … 2g

버터(마가린 가능) … 25g

준비

• 버터는 실온에 꺼내 둔다.

• 파운드 틀에 쿠킹 시트를 깔아 둔다.

만드는법

1 내열볼에 우유, 생크림, 물, 설탕을 넣고 전자레인지에서 30초 가열한다.

2 드라이 이스트와 레시피 1/2 분량의 강력분을 넣고, 이스트의 덩어리가 남지 않도록 숟가락으로 잘 섞는다.

3 나머지 강력분, 벌꿀, 소금, 버터를 넣고 한 덩어리가 될 때까지 섞는다.

4 작업대로 반죽을 꺼내서 손바닥으로 눌러 가며 반죽한다. 반죽이 작업대에 달라붙지 않고, 버터가 반죽에 스며들어 보이지 않을 때까지 반죽해서 한 덩어리로 뭉친 후 내열볼에 넣는다.

Point 반죽이 끈적거리면 강력분을, 푸석하면 미지근한 물을 더하여 조절해 주세요.

5 전자레인지에서 20초 가열한다.

6 반죽을 4등분해서 둥글린 후, 준비한 파운드 틀에 넣고 랩을 씌워서 냉장고에서 발효시킨다 (12시간 정도).

7 200℃로 예열된 오븐에서 20~25분간 굽는다.

▶56~57p '반죽하는 기본 둥근빵·플레인 만드는 법 설명'을 참고해 주세요.

크루아상

난이도가 높은 크루아상이지만
빵 만들기에 익숙해지면 꼭 도전해 보세요.
가지고 있는 발효 버터가 있다면 더욱 맛있게 완성할 수 있습니다.

데니시 스타일

반죽에 슈거 버터를 듬뿍 발라서 구운
데니시 스타일의 빵입니다.
취향에 따라 견과류를 뿌리고 구워도 맛있어요.

크루아상

재료 6개 분량

빵 반죽

강력분 … 140g

박력분 … 60g

물 … 60g

우유 … 50g

설탕 … 30g

드라이 이스트 … 10g

달걀물 … 15g

소금 … 2g

버터(마가린 가능) … 20g

충전용

버터(마가린 가능) … 100g

초콜릿 … 적당량

마무리

달걀물 … 적당량

그래뉴당 … 적당량

준비

• 버터는 실온에 꺼내 둔다.

• 충전용 버터 100g은 랩 2장 사이에 끼우거나 비닐백에 넣어서 밀대로 12×12cm 정도로 늘린 다음, 냉동실에서 차갑게 식힌다.

• 철판에 쿠킹 시트를 깔아 둔다.

• 오븐을 220℃로 예열한다.

  * 만드는 법 17에서 반죽의 발효를 기다리는 동안 예열한다.

만드는법

1 내열볼에 물, 우유, 설탕을 넣고 전자레인지에서 30초 가열한다.

2 드라이 이스트와 강력분 100g을 넣고, 이스트의 덩어리가 남지 않도록 숟가락으로 잘 섞는다.

3 나머지 강력분, 박력분, 달걀물, 소금, 버터를 넣고 한 덩어리가 될 때까지 섞는다.

4 작업대로 반죽을 꺼내서 손바닥으로 눌러 가며 반죽한다. 반죽이 작업대에 달라붙지 않고, 버터가 반죽에 스며들어 보이지 않을 때까지 반죽해서 한 덩어리로 뭉친 후 내열볼에 넣는다.

> **Point** 반죽이 끈적거리면 강력분을, 푸석하면 미지근한 물을 더하여 조절해 주세요.

5 전자레인지에서 20초 가열한다.

6 작업대와 밀대에 덧가루(강력분·분량 외)를 뿌리고 반죽을 15×15cm 정도로 늘린 후, 준비해 둔 충전용 버터를 반죽의 한가운데에 대각선으로 놓는다.

7 버터를 반죽으로 감싼 후, 반죽을 집어 서로 단단하게 붙인다.

8 반죽의 표면과 밀대에 덧가루를 뿌리고, 반죽을 밀대로 조금씩 눌러 가며 늘린다. 뒤집어서 같은 방법으로 늘리고, 밀대로 밀며 두께를 균일하게 맞춘다.

> **Point** 반죽에서 버터가 튀어나오면 버터 위에 덧가루를 뿌려서 눌러 주세요.

9 여분의 덧가루를 털어 내고, 반죽을 3절로 접는다.

10 반죽을 90° 돌린 후, 만드는 법 8~9 와 같은 방법으로 밀어 펴서 3절로 접는 과정을 한 번 더 반복한다(총 2회).

11 양면의 덧가루를 털어 내고 랩으로 싸서 비닐백에 넣은 뒤, 냉동실(5분 이상 식힐 경우에는 냉장고)에서 5 분간 휴지시킨다.

12 냉동실에서 꺼내어 만드는 법 8~10 을 반복하고, 냉동실(또는 냉장고)에 서 5분간 휴지시킨다.

> **Point** '3절 접기×2회→냉동실 (또는 냉장고)에서 5분→3 절 접기×2회→냉동실(또는 냉장고)에서 5분'으로 작업 한다.

13 작업대와 밀대에 덧가루를 뿌리고 반 죽의 깨끗한 면이 아래로 가게 둔 다음, 세로 25×가로 30cm 정도의 직사각형 으로 밀고 스크래퍼 등으로 가장자리 여분을 잘라 네 변을 정리한다.

14 가로로 3등분하고, 각각 대각선으로 반 잘라 6등분한다.

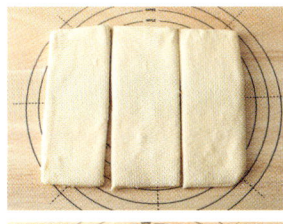

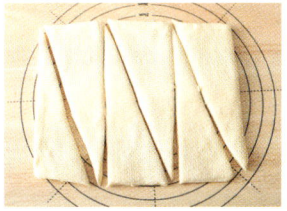

15 밀대로 길이 20cm, 두께 4mm 정 도로 늘린다. 삼각형 밑변의 가운데 에 2cm 정도의 칼집을 넣는다(초콜 릿을 넣을 경우에는 칼집보다 살짝 위에 초콜릿을 올린다).

16 칼집을 넣은 부분의 반죽을 양옆으로 벌려서 그 부분을 심지로 삼아 앞에 서부터 돌돌 부드럽게 말고, 다 말면 꼭짓점 부분을 반죽에 눌러서 단단히 붙인다.

17 준비한 철판에 반죽의 이음매를 아래 로 두고 올려서 랩 또는 젖은 행주를 덮은 다음, 따뜻한 장소에서 10분 정 도 발효시킨다(버터가 녹을 수 있으 니 28℃ 이상의 장소는 피한다).

> **Point** 시간이 있다면 반죽 크기가 두 배가 될 때까지 발효시 켜 주세요.

18 표면에 마무리로 달걀물을 바르고 취 향에 따라 그래뉴당을 뿌린 후, 220℃ 로 예열된 오븐에서 12~18분간 굽 는다.

> **Memo** 버터가 녹지 않도록 빠르게 작업 하면 깔끔하게 완성됩니다.

▶56~57p '반죽하는 기본 둥근빵·플레인 만드는 법 설명'을 참고해 주세요. **95**

데니시 스타일

Working time 10분

재료 4개 분량

빵 반죽

강력분 … 150g
우유 … 100g
설탕 … 20g
드라이 이스트 … 3g
소금 … 2g
버터(마가린 가능) … 20g

슈거 버터

버터(마가린 가능) … 20g
설탕 … 5g

마무리

그래뉴당 … 적당량

준비

• 빵 반죽용 버터는 실온에 꺼내 둔다.

• 철판에 쿠킹 시트를 깔아 둔다.

• 오븐을 200°C로 예열한다.
  ＊만드는 법 8에서 반죽의 발효를 기다리는
  동안 예열한다.

만드는 법

1 내열볼에 우유, 설탕을 넣고 전자레
인지에서 30초 가열한다.

2 드라이 이스트와 레시피 1/2 분량의
강력분을 넣고, 이스트의 덩어리가
남지 않도록 숟가락으로 잘 섞는다.

3 나머지 강력분, 소금, 버터를 넣고
한 덩어리가 될 때까지 섞는다.

4 작업대로 반죽을 꺼내서 손바닥으로
눌러 가며 반죽한다. 반죽이 작업대
에 달라붙지 않고, 버터가 반죽에 스
며들어 보이지 않을 때까지 반죽해서
한 덩어리로 뭉친 후 내열볼에 넣
는다.

Point 반죽이 끈적거리면 강력분
을, 푸석하면 미지근한 물
을 더하여 조절해 주세요.

5 전자레인지에서 20초 가열한다.

6 반죽을 4등분해서 양손으로 굴려 가
며 길게 늘이고, 양 끝을 잡고 여러
번 꼬아 준다.

7 반죽을 한 바퀴 돌린 다음, 끝부분을
반죽에 잘 눌러서 붙인다.

8 준비한 철판에 반죽을 올리고 랩 또
는 젖은 행주를 덮은 다음, 따뜻한 장
소에서 10분 정도 발효시킨다.

Point 시간이 있다면 반죽 크기가
두 배가 될 때까지 발효시
켜 주세요.

9 슈거 버터를 만든다. 내열 용기에 버
터, 설탕을 넣고 랩을 씌워서 전자레
인지에서 30초 가열한다.

10 반죽 표면에 슈거 버터를 붓 등으로
듬뿍 바르고, 취향껏 그래뉴당을 뿌
려서 200°C로 예열된 오븐에서 10~
15분간 굽는다.

응용 레시피

구운 빵이 남았다면 시판이나 냉동 제품 등을 사용해서
응용해 보는 건 어떨까요?
손이 많이 가지 않는 간단한 아이디어를 소개합니다.

후르츠산도

타마고쪼

재료
기본 둥근빵 플레인(p.54)
×전자레인지 조리 달걀 샐러드

만드는법
1 전자레인지 조리 달걀 샐러드를 만든
  다. 내열 용기에 달걀 1개와 우유 1큰
  술을 넣고 잘 섞어 전자레인지에서 1
  분 30초 가열한 후, 으깨 가며 마요네
  즈 2큰술과 소금, 후추를 약간 넣어
  버무린다.
2 '기본 둥근빵 플레인'의 가운데에 칼
  집을 넣고 1을 안에 넣는다.

재료
밤에 반죽해서 아침에 굽는 벌꿀식빵(p.90)
×과일×시판 휘핑크림

만드는법
자른 식빵에 크림을 바르고 좋아하는 과일을 올
려서 그 위에 크림을 바른 다음, 식빵 한 장을 덮
는다.

야키소바빵

미니 햄버거

재료
핫도그의 코페빵(p.60)
×냉동 도시락용 야키소바

만드는법
'핫도그의 코페빵'의 가운데에 칼집을 넣고
취향껏 버터를 바른 뒤, 해동한 야키소바를
안에 넣는다.

재료
기본 둥근빵 플레인(p.54)
×냉동 도시락용 미니 햄버그스테이크

만드는법
'기본 둥근빵 플레인'을 반으로 잘라서 취
향껏 버터를 바른 뒤, 해동한 햄버그스테이
크, 슬라이스 치즈, 양상추를 안에 넣는다.

Part. 3
이 책의 반죽으로 만드는
여러 가지 레시피

점심으로 인기 있는 피자나
카레와 찰떡궁합인 난도
이 책의 반죽이라면
놀랄 만큼 간단하게 만들 수 있습니다.
모든 레시피를 마스터한 당신은
우리 집 빵 장인!

피자

이 반죽법으로 간단하고 빠르게 만들 수 있는 피자.
마음만 먹으면 바로 만들 수 있는 레시피라서
점심이나 갑작스러운 손님맞이에도 유용합니다.

Working time
10분

재료 1판 분량

강력분 … 150g

우유(또는 물) … 80g

설탕 … 15g

드라이 이스트 … 3g

소금 … 2g

버터(올리브유 등도 가능) … 20g

피자 소스, 모차렐라치즈, 바질 … 적
당량

준비

• 버터는 실온에 꺼내 둔다.

• 철판에 쿠킹 시트를 깔아 둔다.

• 오븐을 220℃로 예열한다.
  * 굽기 10분 정도 전부터 예열한다.

만드는법

1 내열볼에 우유, 설탕을 넣고 전
자레인지에서 20초 가열한다.

2 드라이 이스트와 레시피 1/2 분
량의 강력분을 넣고, 이스트의
덩어리가 남지 않도록 숟가락으
로 잘 섞는다.

3 나머지 강력분, 소금, 버터를 넣
고 한 덩어리가 될 때까지 섞는
다.

4 작업대로 반죽을 꺼내서 손바닥
으로 눌러 가며 반죽한다. 반죽
이 작업대에 달라붙지 않고, 버
터가 반죽에 스며들어 보이지
않을 때까지 반죽해서 한 덩어
리로 뭉친 후 내열볼에 넣는다.

Point 반죽이 끈적거리면 강력
분을, 푸석하면 미지근
한 물을 더하여 조절해 주
세요.

5 전자레인지에서 20초 가열한다.

6 반죽을 지름 20cm 정도의 원형
으로 늘린다. 손바닥으로 눌러
가며 넓게 펴고, 가장자리 1cm
정도는 두껍게 남긴다. 가장자
리의 안쪽 전체를 포크로 찔러
구멍을 낸다.

7 피자 소스를 바르고, 모차렐라
치즈를 올린다.

Point 좋아하는 토핑을 올려 주
세요.

8 준비한 철판에 올리고 220℃
로 예열된 오븐에서 10~15분간
굽는다. 취향껏 바질을 올린다.

치즈난

겉은 바삭바삭, 속은 쫄깃쫄깃, 치즈가 사르르~
카레와 환상적인 궁합의 치즈난을 프라이팬으로 간단히 구울 수 있어요.

Working
time
15분

재료 1판 분량

강력분 ⋯ 100g

박력분 ⋯ 50g

물 ⋯ 80g

설탕 ⋯ 15g

드라이 이스트 ⋯ 3g

소금 ⋯ 3g

올리브유(샐러드유 가능) ⋯ 15g

피자치즈 ⋯ 적당량

샐러드유 ⋯ 적당량

만드는법

1 내열볼에 물, 설탕을 넣고 전자
레인지에서 20초 가열한다.

2 드라이 이스트와 레시피 1/2 분
량의 강력분을 넣고, 이스트의
덩어리가 남지 않도록 숟가락으
로 잘 섞는다.

3 나머지 강력분, 박력분, 소금, 올
리브유를 넣고 한 덩어리가 될
때까지 섞는다.

4 작업대로 반죽을 꺼내서 손바닥
으로 눌러 가며 반죽한다. 반죽
이 작업대에 달라붙지 않고, 귓
불 정도로 부드럽게 될 때까지
반죽해서 한 덩어리로 뭉친 후
내열볼에 넣는다.

Point 반죽이 끈적거리면 강력
분을, 푸석하면 미지근
한 물을 더하여 조절해 주
세요.

5 전자레인지에서 20초 가열한다.

6 반죽을 지름 20cm 정도의 원형
으로 늘리고, 한가운데에 치즈
를 올린다.

7 치즈를 감싸듯 반죽의 위아래
끝을 가운데로 모아 붙인 다음,
양옆 끝도 마찬가지로 모아서
이음매를 단단히 붙인다.

8 반죽의 이음매를 아래로 가게
두고, 얇은 원형으로 편다.

9 프라이팬에 샐러드유를 가볍게
두른 뒤 8을 올리고 뚜껑을 덮
어서 약불로 5분 정도 굽는다.
노릇노릇해지면 위아래를 뒤집
고 다시 뚜껑을 덮어서 5분 정도
굽는다.

베이글

이 레시피대로 베이글을 만들면
생각보다 간단하면서도 맛있는 베이글이 완성됩니다!

Working
time
15분

재료 4개 분량

강력분 … 150g

물 … 90g

설탕 … 20g

드라이 이스트 … 3g

소금 … 3g

샐러드유 … 5g

준비

- 12cm×12cm로 자른 쿠킹 시트를 4장 준비한다.

- 철판에 쿠킹 시트를 깔아 둔다.

- 오븐을 210°C로 예열한다.

  *만드는 법 8에서 반죽의 발효를 기다리는 동안 예열한다.

만드는법

1 내열볼에 물, 설탕을 넣고 전자레인지에서 20초 가열한다.

2 드라이 이스트와 레시피 1/2 분량의 강력분을 넣고, 이스트의 덩어리가 남지 않도록 숟가락으로 잘 섞는다.

3 나머지 강력분, 소금, 샐러드유를 넣고 한 덩어리가 될 때까지 섞는다.

4 작업대로 반죽을 꺼내서 손바닥으로 눌러 가며 반죽한다. 반죽이 작업대에 달라붙지 않고, 귓불 정도로 부드럽게 될 때까지 반죽해서 한 덩어리로 뭉친 후 내열볼에 넣는다.

> **Point** 반죽이 끈적거리면 강력분을, 푸석하면 미지근한 물을 더하여 조절해 주세요.

5 전자레인지에서 20초 가열한다.

6 반죽을 4등분해서 둥글린 후, 손이나 밀대로 얇게 직사각형으로 늘린다. 앞에서부터 돌돌 말아서 끝부분을 반죽에 잘 눌러 붙인 후, 이음매가 위로 가게 두고 반죽의 오른쪽 끝을 납작하게 편다.

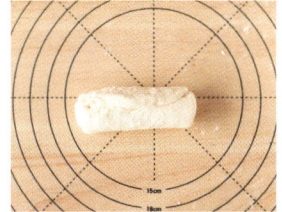

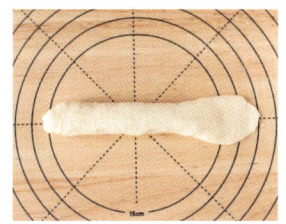

7 이음매를 안쪽으로 해서 고리 모양으로 만든 후, 납작하게 편 부분으로 다른 한쪽 끝을 감싸서 이어진 부분을 서로 잘 붙인다. 준비한 12cm의 사각 쿠킹 시트 위에 올린다.

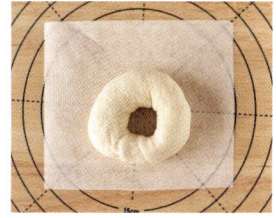

> **Point** 반죽이 부풀었을 때 가운데 구멍이 막히지 않도록 구멍을 크게 만들어 주세요.

8 랩 또는 젖은 행주를 덮은 다음, 따뜻한 장소에서 10분 정도 발효시킨다.

> **Point** 시간이 있다면 반죽 크기가 두 배가 될 때까지 발효시켜 주세요.

9 냄비에 물을 80°C 전후로 끓여서 물 1ℓ당 꿀 또는 설탕 1큰술 정도(분량 외)를 넣는다. 끓는 물이 튀지 않도록 8을 조심히 넣고 쿠킹 시트를 떼어낸 다음, 한 면당 30초씩 데친다.

> **Point** 끓는 물에 꿀이나 설탕을 넣으면 표면이 코팅돼서 갈라지는 것을 막고, 베이글 특유의 윤기가 납니다.

10 준비한 철판에 올리고 210°C로 예열된 오븐에서 15~20분간 굽는다.

도넛

이 반죽법이라면 도넛도 더 맛있게, 간단하게♪
이스트로 발효시켜서 폭신하고 쫄깃하게 완성됩니다.

Working time **15분**

재료 4개 분량

빵 반죽

강력분 … 150g
우유 … 90g
설탕 … 25g
드라이 이스트 … 3g
소금 … 2g
버터(마가린 가능) … 20g
기름 … 적당량

아이싱

분당 … 5큰술
물 … 1큰술

준비

• 버터는 실온에 꺼내 둔다.

• 12cm×12cm로 자른 쿠킹 시트를 4장 준비한다.

만드는법

1 내열볼에 우유, 설탕을 넣고 전자레인지에서 20초 가열한다.

2 드라이 이스트와 레시피 1/2 분량의 강력분을 넣고, 이스트의 덩어리가 남지 않도록 숟가락으로 잘 섞는다.

3 나머지 강력분, 소금, 버터를 넣고 한 덩어리가 될 때까지 섞는다.

4 작업대로 반죽을 꺼내서 손바닥으로 눌러 가며 반죽한다. 반죽이 작업대에 달라붙지 않고, 버터가 반죽에 스며들어 보이지 않을 때까지 반죽해서 한 덩어리로 뭉친 후 내열볼에 넣는다.

> **Point** 반죽이 끈적거리면 강력분을, 푸석하면 미지근한 물을 더하여 조절해 주세요.

5 전자레인지에서 20초 가열한다.

6 반죽을 4등분해서 둥글린 후, 손가락으로 중심부에 구멍을 뚫는다.

7 구멍에 양손 집게손가락을 넣고 손가락을 축으로 삼아 반죽을 회전시켜서 지름 8cm 정도의 고리 모양을 만든다. 준비한 12cm의 사각 쿠킹 시트 위에 올린다.

8 랩 또는 젖은 행주를 덮은 다음, 따뜻한 장소에서 10분 정도 발효시킨다.

> **Point** 시간이 있다면 반죽 크기가 두 배가 될 때까지 발효시켜 주세요.

9 170℃로 달군 기름에 8을 기름이 튀지 않도록 조심히 넣고 쿠킹 시트를 떼어낸 다음, 한 면당 3~4분씩 노릇하게 튀긴 후 아이싱용 재료를 섞어서 뿌린다.

마리토쬬

반죽에 달걀과 버터를 듬뿍 넣은 브리오슈에
크림을 가득 넣은 마리토쬬. 입안에서 녹아내리는 맛이에요.

Working time **15분**

재료 6개 분량

브리오슈 반죽

강력분 ⋯ 160g

박력분 ⋯ 40g

우유 ⋯ 50g

물 ⋯ 50g

설탕 ⋯ 25g

드라이 이스트 ⋯ 3g

소금 ⋯ 3g

버터(마가린 가능) ⋯ 30g

달걀물 ⋯ 30g

달걀물(윤기 내기용) ⋯ 적당량

크림

생크림 ⋯ 200ml

연유 ⋯ 10g

설탕 ⋯ 15g

준비

• 버터는 실온에 꺼내 둔다.

• 철판에 쿠킹 시트를 깔아 둔다.

• 오븐을 180°C로 예열한다.
＊만드는 법 7에서 반죽의 발효를 기다리는
동안 예열한다.

만드는법

1 내열볼에 우유, 물, 설탕을 넣고
전자레인지에서 30초 가열한다.

2 드라이 이스트와 강력분 100g을
넣고, 이스트의 덩어리가 남지
않도록 숟가락으로 잘 섞는다.

3 나머지 강력분, 박력분, 소금, 버
터, 달걀물을 넣고 한 덩어리가
될 때까지 섞는다.

4 작업대로 반죽을 꺼내서 손바닥
으로 눌러 가며 반죽한다. 반죽
이 작업대에 달라붙지 않고, 버
터가 반죽에 스며들어 보이지
않을 때까지 반죽해서 한 덩어
리로 뭉친 후 내열볼에 넣는다.

> **Point** 반죽이 끈적거리면 강력
> 분을, 푸석하면 미지근
> 한 물을 더하여 조절해 주
> 세요.

5 전자레인지에서 20초 가열한다.

6 반죽을 6등분해서 둥글린다.

7 준비한 철판에 반죽을 올리고
랩 또는 젖은 행주를 덮은 다음,
따뜻한 장소에서 10분 정도 발
효시킨다.

> **Point** 시간이 있다면 반죽 크기
> 가 두 배가 될 때까지 발
> 효시켜 주세요.

8 반죽의 표면에 윤기 내기용 달걀
물을 바르고, 180°C로 예열된
오븐에서 10~15분간 굽는다.

9 볼에 크림 재료를 넣고 볼 바닥
에 얼음물을 받친 다음, 핸드 믹
서를 들었을 때 뿔이 뾰족하게
생길 때까지 휘핑한다.

10 완전히 식은 브리오슈에 칼집을
내고, 안에 크림을 듬뿍 넣는다.

폰데빵

동그랗고 귀여워서 인기 있는 빵. 찹쌀가루로 반죽해서 쫄깃쫄깃!
단맛이 강하지 않아 아이싱이나 콩가루를 토핑해도 좋습니다.

Working time 10분

재료 6개 분량

강력분 … 130g

찹쌀가루 … 50g

물 … 110g

설탕 … 30g

드라이 이스트 … 3g

소금 … 3g

샐러드유 … 30g

분당, 콩가루 … 적당량

준비

• 철판에 쿠킹 시트를 깔아 둔다.

• 오븐을 200°C로 예열한다.

  * 만드는 법 7에서 반죽의 발효를 기다리는
    동안 예열한다.

만드는 법

1 내열볼에 물, 설탕을 넣고 전자
레인지에서 30초 가열한다.

2 드라이 이스트와 강력분 30g,
찹쌀가루를 넣고, 덩어리가 남지
않도록 숟가락으로 잘 섞는다.

3 나머지 강력분, 소금, 샐러드유
를 넣고 한 덩어리가 될 때까지
섞는다.

4 작업대로 반죽을 꺼내서 손바닥
으로 눌러 가며 반죽한다. 반죽
이 작업대에 달라붙지 않고, 귓
불 정도로 부드럽게 될 때까지
반죽해서 한 덩어리로 뭉친 후
내열볼에 넣는다.

> **Point** 반죽이 끈적거리면 강력
> 분을, 푸석하면 미지근
> 한 물을 더하여 조절해 주
> 세요.

5 전자레인지에서 20초 가열한다.

6 반죽을 작게 떼어 둥글게 만든
다음, 몇 개를 이어 붙여서 고리
모양으로 만든다.

7 준비한 철판에 반죽을 올리고
랩 또는 젖은 행주를 덮은 다음,
따뜻한 장소에서 10분 정도 발
효시킨다.

> **Point** 시간이 있다면 반죽 크기
> 가 두 배가 될 때까지 발
> 효시켜 주세요.

8 200°C로 예열된 오븐에서 10~
15분간 굽는다. 취향껏 아이싱
(p.107 '도넛' 재료 참고)이나 콩
가루를 뿌린다.

Sagyou Gofunde Fushigipan
© Yukari Aoki 2024
All rights reserved.
Originally published in Japan by MdN Corporation.
Korean translation rights arranged with
MdN Corporation, through Shinwon Agency Co., Ltd.

이 책의 한국어판 저작권은 ㈜신원에이전시를 통해
저작권자와 독점계약한 ㈜SJW International에 있습니다.
저작권법에 의해 보호를 받는 저작물이므로 무단 전재와
복제를 금합니다.

5분 만에 만드는
홈메이드 베이킹

초판 1쇄 발행 2025년 11월 26일

지은이 아오키 유카리
옮긴이 최선아
펴낸곳 ㈜에스제이더블유인터내셔널
펴낸이 양홍걸 이시원

홈페이지 siwonbooks.com
블로그·인스타·페이스북 siwonbooks
주소 서울시 영등포구 영신로 166 시원스쿨
구입 문의 02)2014-8151
고객센터 02)6409-0878

ISBN 979-11-7550-038-9 (13590)

이 책은 저작권법에 따라 보호받는 저작물이므로 무단복제와
무단전재를 금합니다.
이 책 내용의 전부 또는 일부를 이용하려면 반드시 저작권자와
㈜에스제이더블유인터내셔널의 서면 동의를 받아야 합니다.

시원북스는 ㈜에스제이더블유인터내셔널의 단행본 브랜드입니다.

독자 여러분의 투고를 기다립니다.
책에 관한 아이디어나 투고를 보내주세요.
siwonbooks@siwonschool.com